生态水利工程概论

王勤香　朱政德　楚万强　著

黄河水利出版社
·郑州·

内容提要

本书旨在阐述在科学规划、设计、建设和管理水利工程中,融入生态理念,关注水生态生命功能的保护与影响,可以实现人与自然的和谐共生,为子孙后代留下绿水青山的美好家园。本书主要内容包括:生态水利工程基本概念及护岸措施、生态水利工程水力特性研究、生态景观气盾坝过流分析、基于水流特性的生态灌区水利工程消能研究、泄流建筑物底孔消涡措施研究、海绵城市年径流总量控制率确定及低影响开发技术措施等内容。

本书适合水利生态环境工作者以及水利类专业学生阅读学习,也可作为社会上有兴趣人员的参考学习资料。

图书在版编目(CIP)数据

生态水利工程概论 / 王勤香, 朱政德, 楚万强著. 郑州 : 黄河水利出版社, 2024. 9. -- ISBN 978-7-5509-4028-4

Ⅰ. TV

中国国家版本馆 CIP 数据核字第 202480489K号

出版顾问:王路平　电话:0371-66022212　E-mail:hhslwlp@ 163. com
组稿编辑:田丽萍　0371-66025553　912810592@ qq. com

责任编辑　郭　琼　　责任校对　杨秀英
封面设计　李思璇　　责任监制　常红昕
出版发行　黄河水利出版社
地址:河南省郑州市顺河路 49 号　邮政编码:450003
网址:www. yrcp. com　E-mail:hhslcbs@ 126. com
发行部电话:0371-66020550、66028024
承印单位　河南承创印务有限公司
开　　本　787 mm×1 092 mm　1/16
印　　张　9. 75
字　　数　230 千字
版次印次　2024 年 9 月第 1 版　2024 年 9 月第 1 次印刷

定　　价　48. 00 元

前　言

生态水利工程是研究水利工程在满足人类社会需求的同时，兼顾水生态系统健康与可持续性需求的原理及技术方法的工程。生态水利工程，是融合生态保护理念与现代水利工程学的新兴交叉学科。生态水利工程是实现水资源可持续利用、保护生态环境和促进经济社会协调发展的重要途径。

本书总结了作者及其科研团队10年来取得的水利工程模型实验及大量科学研究成果，特别是作者主持的多项科研项目、发表的论文及授权发明专利所取得的成果，同时吸收了目前相关领域的最新理论、技术和方法，围绕生态水利工程过流能力计算、下游消能措施的优化组合、泄流底孔消涡措施进行试验探讨、理论分析及技术研究，并围绕河南省地域、地貌及气候等特点，进行海绵城市年径流总量控制率确定及低影响开发技术措施研究，为生态水利工程规划、设计、管理运行提供技术指导，使水利工程在满足人类社会需求的同时，也要满足生态系统的可持续性及生物多样性需求。

本书由黄河水利职业技术学院王勤香教授、楚万强教授及北京大学朱政德博士生编著完成。本书在撰写过程中得到了黄河水利职业技术学院罗全胜、王宇等教师及省内外同行们的大力支持和帮助，水利工程学院王宏涛、田静等许多教师参与了试验分析等工作。另外，本书在编写过程中还引用了大量的参考文献。在此，谨向为本书的完成提供支持和帮助的单位、所有研究人员和参考文献的作者表示衷心感谢！

本书是基于生态保护理念，从过流能力、消能措施、低影响开发等方面对水利工程进行系统性概述及基础性研究。由于作者水平有限，书中难免存在一些不妥之处，敬请读者批评指正。

作　者

2024年5月

目　录

第 1 章　生态水利工程基础

第 1 节　生态水利工程概述

1　生态水利的概念及意义

1.1　概念

生态水利工程,即生态水工学,是融合生态保护理念与现代水利工程学的新兴交叉学科。其核心在于以水资源、生态环境与人类活动的和谐统一为目标,通过系统的规划、创新的设计、精细的建设与科学的管理,实现水资源的永续利用、生态环境的维护与经济社会发展的同步推进。它不仅追求工程的经济效益与社会效益,更强调其对生态环境的维护与恢复,从而构建人与自然和谐共生的水利系统。

作为水利工程学的一个重要分支与发展方向,生态水利工程充分整合了生态环保技术,并在工程实践中得到了广泛应用。在设计过程中,生态环保理念被深度融入,以确保工程规划的科学性与合理性,从而提升工程建设的价值。它旨在维护各地区的生态平衡,保障生态环境的可持续发展。在实施过程中,必须严格遵循建设标准、科学分析生态水利工程的特征,确保工程设计的高度合理,进而达成工程的"绿色"与"生态"目标。

1.2　生态水利的重要性

(1)生态守护:生态水利工程在规划、设计、建设与管理的全过程中,始终将生态环境保护置于首位。通过优化布局、创新结构、运用生态技术等手段,有效地降低水利工程对生态环境的影响,促进生态环境的保护与恢复。

(2)水资源永续利用:生态水利工程高度重视水资源的节约、保护与高效利用。通过优化资源配置、提升利用效率、强化管理等措施,确保水资源的永续利用,为社会的可持续发展提供坚实支撑。

(3)经济社会和谐共进:生态水利工程在满足人类社会发展需求的同时,不忘生态环境的保护与恢复,为经济社会的和谐发展提供有力保障。通过科学布局水利工程,推动区域经济发展、改善民生福祉、增强社会稳定性。

2　生态水利工程内涵

2.1　传统水利工程建设的主要问题审视

回溯我国水利工程建设的发展历程,尤其是 2000 年之前的实践,我们可以发现,众多水利工程的规划与设计多聚焦于满足当时社会经济发展对水资源的需求与防灾减灾的需求。这些工程着重于河流的改造与控制,以达成防洪、发电及水资源利用等目标。然而,在这一过程中,水环境与水生态的基本功能,特别是关乎水生态生命功能的保护与影响,往往被忽视。这种缺陷体现在对河流水系生态环境保护要求的忽视，缺乏合理把握开发利用的“度”，从而导致部分江河湖泊的水环境、水生态功能持续性恶化，产生显著的负面影响。

具体而言，问题主要体现在三个层面：首先，在水资源开发利用方面，往往忽视河湖生态系统对水资源量与水文过程的基本需求，导致部分河流季节性断流；其次，在水质保护上，缺乏有效的水体与岸上污染管控与治理策略，使河湖水环境污染问题愈发突出；最后，在水生态空间利用与管控上，河道裁弯取直、渠化、连通性阻断、水域岸线侵占等现象频发，严重损害了河流自然生态系统的健康与可持续性。

2.2 生态水利工程概念的深度解析

我们必须清醒地认识到，河湖不仅是人类开发利用的资源，更是水生态系统不可或缺的生命载体。作为当前生态文明建设的关键环节，水利工程建设必须将生态环境保护与修复置于重要地位。在规划、设计与建设过程中，既要关注河湖的资源功能，也要充分考虑其生态功能，科学平衡资源开发利用与生态环境保护之间的关系，寻求二者之间的最佳平衡点。

新时代下，我们应遵循生态文明价值观，把握水利面临的主要矛盾变化，更新水利工程的规划设计与建设理念。这意味着，河流水系的治理与水资源利用不仅要符合工程设计的原理，更要遵循水循环与水生态空间的自然规律、生态规律。生态水利工程的建设，不仅要满足经济社会的需求，还需满足生态系统中的生物多样性对水量、水质、水生态要素的需求。

从更深层次看，生态水利工程既是经济高效的水利基础设施，又是维护河湖生态功能的重要手段，更是传承与弘扬生态文化的物理载体。在保持河流水系生态系统结构和功能稳定的前提下，生态水利工程应持续为经济社会提供包括生态维护、防洪、供水、发电、航运等在内的多项服务，并肩负起传承与弘扬生态文化的使命。在建设中，应树立新的生态文明建设理念，深入研究河流水系自然水循环要素的内在规律，从尊重自然的角度出发，规范与约束人类对自然水系的干预，实现资源节约、绿色发展的目标。同时，重大水利工程还需考虑传承中国历史文化、弘扬水文化的功能需求，赋予其特殊的文化内涵。

2.3 生态水利工程的功能特征诠释

任何水利工程都离不开水生态空间的河流湖泊及其所承载的水资源。作为为各类生物(包括人类)提供水文-生态过程的空间，水生态空间直接为人类提供水生态服务或生态产品，并保障其正常供给。这一空间既具有自然生态属性，也具备为人类服务的经济社会属性。而生态水利工程，更是需要兼具这两种属性，并在一些重要工程中赋予其文化传承的属性。

从国土空间开发利用格局与经济社会活动对生态水利工程建设的功能需求出发，可以将生态水利工程的功能特征分为生态维护(修复)、防洪、供水、发电、航运、旅游、水产养殖等多个方面，这些功能可以提供人居保障与多种水产品服务。同时，从维护河流、湖泊等水生态空间，保持具备生命特征的河湖水系生态系统良性循环的角度出发，生态水利工程还具备水源涵养、各类生物生境支持、水生态空间调节等多种功能。在水利工程的规划设计中，不仅要关注改变河流、湖泊等组成的水量、水位、水文过程、水力条件等水文、水力学系统,还要特别关注河流生态系统的结构稳定与功能的持续发挥。因此,规划设计研究的重点应从工程所在的河道及其两岸的物理边界扩展到河流生态系统的流域尺度边界。例如,在规划新建水利工程时,需考虑其是否涉及流域河流生态廊道的阻隔,是否影响具有重要水生生境保护和生物多样性维护功能的重要湿地、重要水生生物栖息地及渔业水域等水生生境保护区。若涉及,则需深入研究水生生境保护所需的水量泄放、流量过程等要素。

2.4　生态水利工程的技术创新与挑战

随着科学技术的进步,生态水利工程在技术创新方面也取得了显著成果。在材料科学、信息技术、生态学等多个领域的技术融合下,生态水利工程在规划设计、建设施工、运行管理等方面均展现出了新的可能性。例如,新型环保材料的运用,不仅提高了水利工程的耐久性,还降低了对环境的负面影响;智能监测系统的引入,使得水利工程的运行状态得到实时监控,从而提高了管理效率;而生态修复技术的不断成熟,则为受损生态系统的恢复提供了强有力的技术支持。

然而,技术创新也带来了新的挑战。在保证工程功能性的同时,实现与生态环境的和谐共生,是生态水利工程面临的重要课题。此外,新技术的引入也意味着更高的成本投入和技术要求,这对水利工程建设和管理人员提出了更高的要求。因此,加强技术创新与人才培养,是推动生态水利工程持续发展的重要保障。

2.5　生态水利工程的社会效益与影响

生态水利工程的建设,不仅具有显著的经济效益,更重要的是其带来的社会效益和生态影响。通过生态水利工程的建设,可以有效地提高水环境质量,提高水资源的利用效率,从而保障人民群众的生产生活用水需求。同时,生态水利工程还能够为当地经济发展提供有力支撑,促进相关产业的发展和就业的增加。

更重要的是,生态水利工程的建设对于维护生态平衡、保护生物多样性具有重要意义。通过生态修复和生态保护措施的实施,可以有效地缓解人类活动对生态系统的破坏,促进生态系统的自我恢复和良性发展。这不仅有利于提高人们的居住环境和生活质量,还有助于推动生态文明和社会可持续发展。

3　生态水利工程建设的基本要求

3.1　遵循自然法则,促进人与自然和谐共生

生态环境没有替代品,用之不觉,失之难存。水利工程建设必须尊重自然规律、顺应自然、保护自然;充分研究和科学把握水利工程建设与自然环境的关系,在为人类经济社会提供生态产品服务的同时,也要维护水生态系统结构稳定和功能持续发挥,以保证河流湖泊等自然环境与人类社会的和谐共生。

3.2　强化资源环境约束,重塑河湖水系生态机能

要将水资源利用上限、环境质量底线、生态保护红线作为水利工程建设的硬约束加以管控。坚持节水优先,合理利用有限的水资源,制定生态水资源配置方案,增强对水资源、水环境和水生态空间的有效保护与修复,以保证水资源可持续利用,水环境水生态功能得到自我良性循环。

3.3　优化空间布局，加快绿色水利工程建设步伐

严格贯彻国家主体功能区制度，确立以空间管控与生态功能保护为引导，秉持节约优先、保护优先、自然恢复为主的工作方针，开展重大水利工程建设，妥善处理经济发展与生态保护的关系。强化水资源、水环境、水生态红线的约束意识，对水资源、水生态、水环境、水灾害进行系统治理。

积极拓展水环境和水生态的空间容量，遵循自然规律，因地制宜布局生态水利工程。着力构建水生态经济产业，将绿色发展、循环发展、低碳发展作为生态水利工程建设的核心路径。加快推进水环境与水生态保护以及重大生态环境修复工程建设，进一步提升水生态产品的供给保障能力。

持续发挥开发布局的调控作用，从规划层面严格把关重大水利工程布局与环境的符合性。对于不符合生态空间功能保护要求的水利工程，及时进行调整优化。针对不同建设时期、不同类型的已建水利水电工程，尽快明确其生态保护的主导功能需求，加快增设或改造实现生态功能的相关设施，按照绿色、生态、环保的要求，完成绿色水利基础设施的布局与改造，为可持续发展筑牢生态根基。

3.4　完善监测监控与调度，强化环保健康管理责任

完善江河流域水利水电工程的监测监控体系，制定科学的生态调度方案。强化绿色生态经济理念，要求各级水利工程管理者在监管和调度水利工程时，必须以有利于环境保护和生态健康为首要考量，将生态环境保护责任纳入工程管理的重要考核内容。

3.5　提升科技支撑，丰富生态水利文化内涵

加强科技支撑能力，对涉及生态环境保护、水利基础设施绿色发展的基础性问题和重大技术问题展开深入研究。确立符合"经济要环保、环保要经济"的绿色经济理念的生态水利工程技术标准。同时，丰富生态文化内涵，将环保意识、生态意识、生命意识等绿色理念融入生态水利工程的文化传承中，弘扬绿色文化，使其成为人类保护生态的自觉行为。

4　生态水利工程建设主要目标

在推进生态水利工程建设的过程中，应全面遵循我国生态文明建设的整体部署，确保在资源节约和环境友好的原则指导下进行。具体而言，应以流域或区域为单位，系统性地规划并构建重大水利基础设施网络，同时注重提升水利工程建设的质量，并全面展现其综合功能。此外，应深度融合绿色文化与生态文化的主流价值观，将生态水利工程塑造为环境工程、经济工程、友好工程和文化工程的综合体现。

在生态水利工程的总体布局上，应致力于优化水生态空间开发格局，避免对生态环境造成累积性影响。在水资源利用方面，应显著提升水分生产效率与保证率，同时确保水资源开发利用率处于河湖水系生态环境可承受的范围内，从而为基本维护与修复生态系统功能所需的生态水量提供有力保障。在水环境质量方面，应致力于减少污染物入河排放总量，持续提高水环境质量，提高重要江河湖泊水功能区的水质达标率，并持续提升饮用水安全保障水平。

在生态保护方面，应全面执行生态保护红线管控措施，有效控制生物多样性的丧失速度，并显著增强水生态系统功能的稳定性。在确保生态水利工程自身安全可靠的同时，应

全面实现其生态保护功能和经济服务功能。在文化传承方面,应不断丰富生态水利工程的文化内涵,将绿色文化作为绿色水利工程建设的核心理念,弘扬人水和谐、人与自然共进共荣的生活方式、行为规范、思维方式以及价值观念等水文化内容。

5　生态水利的工程措施

(1)前期调查和评估:在水利工程项目开始前,进行充分的前期调查和评估,包括对项目区域的自然生态、水体、土壤、空气质量等方面的调查和评估,以确定项目对环境的影响程度及相应的保护措施。

(2)生态修复措施:对于因水利工程建设而受到破坏的自然环境,采取相应的生态修复措施,如重新植树、造林、进行湿地恢复等,以恢复其原有的生态功能。

(3)水体保护措施:针对水利工程项目可能对水体造成的影响,采取措施保护水体的水质和生态健康,包括设置防渗漏设施、建设水处理设施、加强水体监测等。

(4)防止水土流失:在水利工程建设过程中,采取措施防止水土流失,减少泥沙淤积对水体生态的影响,包括建设护坡、植被覆盖、搭建防渗网等。

(5)噪声和振动控制:水利工程建设过程中会产生噪声和振动,对周围居民和动植物造成干扰。需要采取噪声和振动控制措施,如采用隔音材料、降低施工机械的噪声和振动等。

(6)废弃物处理:水利工程建设和运营过程中会产生大量废弃物,需要采取妥善的废弃物处理措施,如建设废弃物处理场所、分类处理和利用废弃物等。

(7)环境监测和评估:建立健全的环境监测和评估体系,对施工和运营过程中的环境影响进行监测和评估。通过定期监测和评估,发现问题并及时采取措施解决问题,确保项目在环境方面的可持续性。

总之,生态水利工程是实现水资源可持续利用、保护生态环境和促进经济社会协调发展的重要途径。通过科学规划、设计、建设和管理水利工程,可以实现人与自然的和谐共生,为子孙后代留下绿水青山的美好家园。

第 2 节　生态水利工程护岸措施

1　护岸和护岸工程

1.1　护岸

河湖岸坡和堤防岸坡的防护主要是防止水流和波浪对岸坡基土的冲蚀和淘刷造成的侵蚀、塌岸等现象。堤岸防护应根据防洪规划和河流治导线的要求,并按因势利导的原则,根据具体条件确定工程布局、形式和适宜的材料。

1.2　护岸工程

护岸一般布设在受水流冲刷严重的险工险段,其长度一般应从开始塌岸处至塌岸终止点,并加一定的安全长度。坡式护岸工程一般以枯水位为界分为两部分,枯水位以上称护坡工程,以下称护脚工程。枯水位的标准通常取多年平均最低水位。护岸工程的原则是先护脚后护坡。

2　传统的护岸形式

2.1　坡式护岸

坡式护岸,或称平顺护岸,即在顺岸坡及坡脚一定范围内覆盖抗冲材料。这种护岸形式对河床边界条件改变及近岸水流条件的影响均较小,是一种较常采用的形式。

2.2　坝式护岸

坝式护岸即修建丁坝,顺坝将水流挑离堤岸,以防止水流、波浪或潮汐对堤岸边坡的冲刷,这种形式多用于游荡性河流的护岸。

2.3　墙式护岸

墙式护岸即顺堤岸修筑竖直陡坡式挡墙,这种形式多用于城区河流或海岸防护。

2.4　复合式护岸

复合式护岸为护岸与丁坝、墙式护岸与坡式护岸等相结合的形式。河、湖、库堤岸护坡的传统形式有砌石护坡、堆石护坡、现浇或预制混凝土板护坡等,并在其下设置沙砾石垫层。

3　生态护岸的定义

3.1　生态护岸

生态护岸是指恢复后的自然河岸或具有自然河岸“可渗透性”的人工护岸。选择生态护岸是河流生态修复的重要措施,其目的是恢复自然河流。所以,生态护岸的设计不仅仅是横断面的设计,还包括河流的侧向、纵向、水陆过渡带、动植物生境的设计。

3.2　传统护岸的弊端

传统护岸是指采用传统方法对河流进行大规模的改造,使自然河流渠道化、护岸和河床材料硬质化、河流横断面几何规则化。传统护岸将蜿蜒曲折的天然河流改造成直线或折线型的人工河流,切断地表水与地下水的联系通道,改变深潭、浅滩交错的形势,使急流、缓流相间的格局消失,造成了水利工程对河流生态系统的胁迫,导致河流生态系统不同程度的退化,从而使河流生态资源、自然景观等多方面功能丧失。

3.3　护岸的生态修复

为了人水和谐长远发展,对传统护岸要进行生态修复,一些发达国家开始小规模拆除刚性岸墙,恢复河道的岔流、支渠、透水的河床、生态护岸和水陆过渡植物网络系统,以更好地处理洪水与生态修复的关系。利用生态护岸来抵御、削弱和利用洪水,可使主流与岔流沟通,增加河流的侧向连通性。因为河流形态多样性是维持河流生物群落多样性的基础,能为植物、动物恢复生存提供条件。

4　生态护岸的作用

4.1　滞洪补枯、调节水位

生态护岸采用自然材料,形成一种“可渗性”的界面。丰水期,河水向堤岸外的地下水层渗透储存,缓解洪灾;枯水期,地下水通过堤岸反渗入河,起着滞洪补枯、调节水位的作用。另外,生态护岸上的大量植被也有涵蓄水分的作用。

4.2　增强水体的自净能力

河流生态系统通过食物链过程削减有机污染物,从而增强水体自净能力,改善河流水质。另外,生态河堤修建的各种鱼巢、鱼道,造成了不同的流速带,形成水的紊流,使空气中的氧溶入水中,促进水体净化。

4.3　促进河流生物过程

生态护岸把滨水区植被与堤内植被连成一体,构成一个完整的河流生态系统;生态护岸的坡脚护底具有高孔隙率、多鱼类巢穴、多生物生长带、多流速变化等特点,为鱼类等水生动物和两栖类动物提供了栖息、繁衍和避难场所;生态河堤繁茂的绿树草丛不仅为陆上昆虫、鸟类等提供了觅食、繁衍的场所,而且浸入水中的柳枝、根系还为鱼类和其他野生动物产卵、幼鱼避难、觅食提供了场所,维持合适的水温,叶子、嫩芽、昆虫等掉入水中,为水中动物提供了食物,从而形成一个水陆复合型生物共生的生态系统。植被还可增加河道两岸的美感。

5　生态护岸的设计原则

(1)恢复自然河流的形状,形成自然环境。如形成弯曲的河道、河汊、缓坡、陡坡、洲岛、急流、浅滩等水深和水面宽度多变的河道断面,恢复和创造水流的多样性。

(2)保留原则。其一保留河流两岸既有植被,这些植物一般为野生乡土植物,能够自我维护。其二保留既有的淤积洲岛、抽水植物、水草堆积地、苔藓地等,在河流中,这些很难人工创造出来,它们是自然形成的生物生息场所。

(3)尽量采用自然工法。植物也是工程材料,利用乔木和灌木、水生植物的发达根系纤维来固定岸坡,形成“植物加筋土”,即把植物当作结构的一部分,来增加土的抗剪强度,防止坡岸坍塌。

(4)尽量采用天然建筑材料和有效的传统工艺,如卵石、山石、石笼、木桩、仿木桩等。这些材料纹理和亮度富于变化,综合使用这些材料,结合植物配置,可以营造丰富多彩的水边景观。

(5)尽量减少或取消直墙,提倡缓坡。许多既有河道为直墙断面,可以全部或部分拆除这些直墙,改为缓坡,形成水陆过渡带,如此贯通了水与植物间的连续性,便于两栖动物的爬行,形成较好的生态网络。

(6)利用生态护岸,保护和创造水边的自然景观。具有自然特征的环境景观,在季节变化中产生不同的景观效应,更进一步满足人们对景观的审美要求。

(7)保护水域空间的生物多样性。生态护岸要为鱼类筑巢穴,为水生动物和两栖类动物提供栖息、繁衍和避难场所。通过摆放岩石、汀步、丁坝等方法可以形成人工深潭和沙滩。岩石、弯道顶点的大规模深潭不仅是大型鱼类的重要生息场所,也是生活在浅滩的小型鱼类休息的好场所。沙砾堆及其周围的急滩、河床间隙、沙洲上积水坑的位置在洪水季节都会有很大的变化,形成多样的生息环境。汀步、岩石保证了河流纵向的连通性,形成鱼道。

6 生态护岸形式及生态护岸优化选择

6.1 生态护岸常用形式

生态护岸在设计时,需要严格遵循自然和谐、可持续发展的理念。其目的在于,在保护河流生态环境的基础上,充分满足河道防洪、排涝、航运等多种功能需求。在确定生态护岸形式的过程中,必须全面考虑河流的自然形态、水文特性、生物多样性状况以及人类活动带来的影响。

6.1.1 植物护岸

植物护岸技术是一种借助植物来保护河道岸坡的方法。具体做法是:有规划地种植植物,利用植物根系的锚固加筋作用,增强岸坡土体的稳定性;同时,借助植物茎叶截留降雨、削弱雨滴溅蚀、抑制地表径流,进而达到消浪促淤、减少水土流失、稳固滩岸的目的。

植物护岸具有以下优势:

(1)对河流生态环境的干扰极小,有助于维持河流的生态健康,生态环保成效显著。

(2)在固土护岸的同时,还能营造出优美的景观,提升环境美感。

(3)能够促进有机物的降解,对改善水质、净化空气、调节小气候发挥积极作用。

(4)可节省工程材料和人力投入,符合低碳节能的要求,对环境造成的负荷较低。

(5)投资成本低,造价较为低廉。

(6)植物护岸具备自我适应和自我修复的能力,后期管理维护成本不高。

但是,植物护岸对基土的抗冲刷保护能力相对有限,更适用于河道坡度较缓、水流速度较小的岸坡。在进行护岸植物设计时,总体原则是构建符合当地立地条件的植被群落,使其既能满足立地要求,又能与周围环境相协调。基于生态学原理,要充分考量河道特点以及植物的生物生态学特性。在选择植物种类时,需要综合考虑河道类型、功能、所在河段以及坡位等因素,并遵循以下原则:

(1)保障河道主导功能正常发挥原则。

(2)优先考虑生态适应性和生态功能原则。

(3)注重物种多样性,以乡土植物为主原则。

(4)兼顾景观性原则。

(5)遵循经济适用性原则。

植物护岸的效果如图 1-1 所示。

6.1.2 土工材料复合种植基护岸

土工材料复合种植基护岸由土工合成材料、种植土和植被 3 部分构成。它借助土工合成材料稳固土体、保护岸坡,并在其中种植植物或让植物自然生长,最终形成植物护岸,实现保护河流岸坡的目标。

这种护岸形式兼具植物护岸生态自然、美化景观、节能环保、经济实惠、自我修复能力强、维护成本低等优点,同时还能显著提高土体的稳定性和抗冲刷能力,尤其是在工程初期,对岸坡的防护效果更为突出。

相较于植物护岸,土工材料复合种植基护岸抵抗暴雨冲刷的能力有所增强,但总体而言仍不算强。它适宜应用于河道较缓、流速较小的岸坡,并且不适合用于常水位以下的区域。

图 1-1　植物护岸的效果

常见的土工合成材料有土工袋、土工格室、土工网垫、土工格栅以及水保植生毯等。土工材料复合种植基护坡的效果如图 1-2 所示。

刚施工完成的状况　　植被长成后的状况

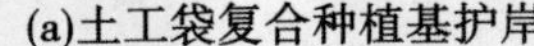

(a)土工袋复合种植基护岸

刚施工完成的状况　　植被长成后的状况

(b)土工格室复合种植基护岸

图 1-2　土工材料复合种植基护岸实景

(c)土工网垫复合种植基护岸

刚施工15天的状况

植被第二年生长的状况

(d)水保植生毯护岸实景

续图 1-2

6.1.3　绿化混凝土护岸

绿化混凝土护岸技术是通过水泥浆体将粗骨料黏结在一起，利用天然成孔或人工预留孔洞的方式，制作出无砂大孔混凝土。然后在孔洞中填充种植土、种子、缓释肥料等，为植物生长创造适宜的环境，从而形成植被护岸。

绿化混凝土护岸融合了混凝土护岸和植物护岸的特性与优势。它既具备混凝土护岸安全可靠、抗冲耐磨的特点，又拥有植物护岸生物适应性良好、净化污水、生态友好、美化景观以及可供休闲娱乐等特性。

绿化混凝土护岸抗冲刷能力较强，适用于水流速度较快、岸坡较陡、防冲要求较高的河道岸坡。在设计绿化混凝土时,其强度等级不应低于 C5,孔隙率应不小于 25%,护坡厚度一般控制在 100~150 mm。绿化混凝土护岸的效果如图 1-3 所示。

(a)刚施工完成的状况　(b)植被长成后的状况

图 1-3　绿化混凝土护岸实景

6.1.4　格宾石笼护岸

格宾石笼护岸是一种新型生态护岸技术。它先使用高强度、高防腐的钢丝编织成网片,再将网片组合成网箱,然后在网箱内填充块体材料,最后在表面覆土绿化或进行植物插条。

格宾石笼护岸具有柔韧性好、抗冲耐磨、防锈、抗老化、耐腐蚀等特点,具备以下优势:

(1)结构多孔隙,透水透气性能良好,有利于水生动物栖息和植物生长,对环境友好。

(2)结构柔韧性佳,能够较好地适应河床变形。

(3)抗冲护坡能力较强。

(4)可在水下施工,施工、修复和加固都较为便捷。

(5)可就地取材,成本较为经济合理。

格宾石笼护岸适用于水流速度较高、冲蚀较为严重的河道护岸工程,但高度一般不宜超过 2 m。由于其主要填充材料为块石或卵石,因此在块石和卵石料源丰富的地区应用更为合适。格宾石笼护岸的效果如图 1-4 所示。

图 1-4　格宾石笼护岸实景

6.1.5 机械化叠石护岸

机械化叠石护岸是依靠块石自身重量以及交错咬合产生的综合摩擦力，来保证护岸自身的稳定性，抵抗水土压力的一种新型生态护岸技术。

机械化叠石护岸属于柔性护岸，变形适应能力强，施工过程简便快速，投资相对较少。其外观自然，能与周围环境完美融合，生态适应性良好，景观效果佳。

在进行护岸叠石时，单块石头重量宜不小于 300 kg，厚度宜不小于 400 mm，且石头应上下错位、垫砌稳固。这种护岸形式适用于石材资源丰富、水流速度较小、抗冲要求不高的河流护岸工程以及景观营造。机械化叠石护岸的效果如图 1-5 所示。

图 1-5 机械化叠石护岸实景

6.1.6 生态浆砌石护岸

生态浆砌石护岸是一种临河表面干砌、内部浆砌块(卵)石的护岸技术。它依靠砌筑的块(卵)石交错咬合产生的摩擦力以及内部砂浆的黏结作用，来维持整体稳定性，抵抗水土压力。

生态浆砌石护岸既具备传统浆砌石抗冲耐磨、整体稳固的护岸能力，外观又较为自然。其内部存在连通孔洞，能为水生生物提供栖息、繁衍的场所，生态适应性强。不过，与传统浆砌石相比，其施工工序更为复杂，造价也相对较高。

生态浆砌石护岸适用于水流速度较快、抗冲要求较高，且对生态适应性和景观效果有较高要求的河道护岸。在砌筑生态浆砌石时，砂浆强度等级应不小于 M7.5，石料应大面朝下，采用坐浆法分层卧砌，做到上下错缝、内外搭砌，确保结构稳定牢固，严禁出现通缝、叠砌和浮塞现象。生态浆砌石护岸的效果如图 1-6 所示。

6.1.7 多孔预制混凝土块体护岸

多孔预制混凝土块体护岸采用混凝土预制块体干砌的方式，通过块体之间相互嵌入自锁或依靠自重咬合，形成具有多孔洞的整体性结构。在孔洞中填土种植或让植物自然生长，从而形成植被护岸。

这种护岸形式结合了混凝土护岸和植物护岸的优点，既抗冲耐磨、稳固牢固，又具有

图 1-6　生态浆砌石护岸实景

自然绿化、生物适宜、景致美观的生态特性。

多孔预制混凝土块体护岸适用于水流速度较大、抗冲要求较高，且对生态和景观要求也较高的河道。在设计多孔预制混凝土块体时，其强度等级应不小于 C20。多孔预制混凝土块体护岸的效果如图 1-7 所示。

(a)刚施工完成的状况

(b)植被生长后的状况

图 1-7　多孔预制混凝土块体护岸实景

6.1.8　自嵌式预制混凝土块体挡墙护岸

自嵌式预制混凝土块体挡墙护岸采用混凝土预制块体干砌，块体之间相互嵌入形成自锁结构，依靠墙体重力维持稳定。同时，在墙体与墙后填土之间设置土工格栅，进一步提高墙体的稳定性。墙体预留孔洞，孔洞中可种植植物或让植物自然生长形成绿化植被。

自嵌式预制混凝土块体挡墙属于柔性护岸，适应地基变形的能力较好，有利于植物生长，外观自然，生态和视觉效果良好。

该护岸形式适用于对生态和景观要求较高、水流速度较小的河道，不过造价相对较高。自嵌式预制混凝土块体挡墙护岸设计强度等级应不小于 C20，墙后需设置土工布进行反滤。自嵌式预制混凝土块体挡墙护岸的效果如图 1-8 所示。

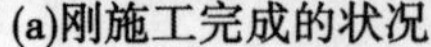

(a)刚施工完成的状况

(b)植被长成后的状况

图 1-8　自嵌式预制混凝土块体挡墙护岸实景

6.1.9　水保植生毯护岸

水保植生毯是将种子、肥料等生长基材与纤维网、生态布三层整体黏合在一起，使用专用大头钉固定在土壤或风化岩石边坡表面。在前期，主要依靠纤维网、生态布防止水土流失；植物生长后，借助植被和根系达到深层防冲刷、抑制水土流失的目的，是边坡防止雨水冲刷、抑制水土流失和环境绿化的有机结合。

水保植生毯的生长基材与纤维网、生态布 3 层结构采用植物用无毒胶水整体黏合，使得产品质量更轻，草种、肥料分布均匀，在施工过程中不易脱漏，施工更为便捷。而且，该产品可在工厂进行标准化、大批量生产，能有效保证产品质量的一致性和植物发芽率。

水保植生毯的草种选择灵活，能适应不同地区的气候生长条件。其内部含有特殊的土壤改良剂及保水剂，能够改善植物生长环境，降低后期养护费用。

水保植生毯施工简便，与传统护岸和防止水土流失技术相比，可大大节省工期。其工程造价低廉，仅为传统技术的 1/3～1/2，能有效降低工程成本。水保植生毯护岸的效果如图 1-9 所示。

(a)刚施工15天的状况　　(b)植被第二年生长的状况

图 1-9　水保植生毯护岸实景

6.2　生态护岸优化组合

在生态水利领域，生态护岸的优化选择是一项复杂的系统工程。它不仅涉及工程技术的挑选,还涵盖生态、经济、社会等多个方面的综合考量。

生态护岸的优化组合需要遵循生态优先、系统性、适应性、经济性、美观性等原则。在整个设计和实施过程中,要始终把生态保护和恢复工作放在首位。将河流视为一个完整的生态系统,实现上下游、左右岸的协同治理。根据河流的自然条件及其变化趋势,选用适应性强的护岸材料和技术。在满足生态和安全要求的基础上,追求成本效益的最大化。同时,护岸工程应与周边环境相协调,提升河流的景观价值。基于此,可从以下几个方面考虑进行生态护岸的优化组合。

6.2.1　流速与护岸材料的匹配

根据河流的流速和岸坡特性,合理选择护岸材料至关重要。对于流速较小的缓坡,宜采用植物护岸及土工材料复合种植基护岸,这样能够充分发挥其生态功能;而对于流速较大的护坡,则应选用绿化混凝土、格宾石笼、生态浆砌石、生态砖、多孔预制混凝土块体等结构形式,以此提高护岸的抗冲刷能力。

6.2.2　生态护岸与景观融合

生态护岸既是水利工程的重要组成部分,也是城市景观的有机元素。在设计时,需要兼顾景观要求和生态需求。通过合理的植物配置、色彩搭配等手段,选用机械化叠石护岸、生态浆砌石护岸、多孔预制混凝土块护岸、自嵌式预制混凝土块体挡墙护岸等形式,提升护岸的景观效果,使其成为城市中一道亮丽的风景线。

6.2.3　因地制宜、就地取材

充分利用当地的自然资源和材料,不仅可以减少运输成本,还能提高工程的经济性和可持续性。例如,在山区,由于石材资源丰富,可多采用格宾石笼、机械化叠石、生态浆砌石、堆石护岸等形式;在平原地带,土工材料复合种植、绿化混凝土、多孔预制混凝土块护岸更为适用;而在南方湿润地区,植物花草护岸因适宜当地气候条件,成为不错的选择。

6.2.4　环保及与周边景色相宜

在选择生态护岸材料时,要高度重视环保和可持续性,同时考虑护岸与周边环境的协调性。传统的混凝土护岸虽然稳定性和耐久性较高,但对生态环境的影响较大。因此,应优先选用生态友好型材料,如土工合成材料、天然石材、木材等。这些材料既能提供必要的物理保护,又有助于促进生物多样性和生态平衡。从物质循环利用以及环保与周边景色协调的角度出发,还可采用木桩护岸、仿木桩护岸、旧轮胎护岸、废混凝土块笼护岸、废木块笼护岸等形式。

6.2.5　生态护岸与生物多样性

生态护岸的设计应充分考虑生物多样性的保护和提升。通过合理选择植物种类,为水生生物创造适宜的栖息地,进而促进生物多样性的发展。同时,要避免单一植物种类的使用,防止出现生态失衡的情况。

6.2.6　生态护岸的维护与管理

生态护岸的维护与管理是确保其长期发挥有效作用的关键环节。需要建立一套科学的维护管理制度,定期对护岸进行检查和维护,及时发现并解决可能出现的问题。此外,还应加强公众教育,提高公众对生态护岸重要性的认识,鼓励公众积极参与护岸的保护和管理工作。

6.2.7　生态护岸的技术创新

随着科技的不断进步,生态护岸技术也在持续创新发展。例如,利用生物工程技术改善土壤结构,为植物生长创造更有利的环境;借助智能监测系统实时监控护岸的状态,一旦发现问题能够及时采取措施进行处理。

6.2.8　生态护岸的经济性分析

在生态护岸的优化选择过程中,经济性是一个不容忽视的重要因素。应通过成本效益分析,挑选性价比高的护岸方案,确保工程实现经济效益和社会效益的最大化。

6.2.9　生态护岸的环境影响评估

在实施生态护岸工程之前,必须对工程可能产生的环境影响进行全面评估,包括对水文、水质、生物多样性等方面的影响。通过评估,确保工程的实施不会对环境造成负面影响。

6.2.10　案例分析与经验总结

通过分析国内外成功的生态护岸案例,总结其中的成功经验和失败教训,为生态护岸的优化选择提供有益的参考。同时,要密切关注生态护岸技术的最新发展动态,不断更新和完善设计方案。

生态护岸的优化选择是一个多目标、多因素的综合决策过程。这一过程需要水利专家、生态学家、环境规划师以及当地社区的紧密协作,从而确保护岸工程既能满足防洪安全的基本要求,又能有效保护和恢复河流生态系统,同时提升河流的景观价值。随着技术创新和实践探索的不断深入,生态护岸技术将日益成熟和多样化,为实现人与自然和谐共生的目标贡献更大的力量。

第3节　水工程与水文化有机融合案例

在人类与水的长期互动中,水利工程不仅承担着防洪、灌溉、供水等实用功能,还承载着丰富的文化内涵。众多水利工程与水文化有机融合的案例,充分展现了水利建设与文化传承相得益彰的魅力。下面将详细介绍几处典型案例。

1　兰考东坝头险工——黄河之畔的历史与生态交融

1.1　地理位置与文化背景

奔腾的黄河在河南省兰考县东坝头完成最后一次转身,而后奔流入海。1855年,黄河在此的铜瓦厢决口,发生最后一次大改道,这一历史事件赋予了东坝头独特的地位。这里红色文化与水文化交相辉映,焦裕禄同志带领群众“战风沙、斗内涝、治盐碱”的事迹彰显了坚韧不拔的奋斗精神。黄河转弯的自然景观、防洪工程景观,以及铜瓦厢决口大改道遗迹、兰坝铁路支线、南北庄1933年决口处遗址、四明堂两次决口的老口门等,构成了丰富的水文化元素。

1.2　工程概况

东坝头河湾(见图1-10)处于东坝头以下河道整治的关键位置,是1855年决口改道处,其槽高滩宽、河道曲折复杂,是黄河的重要卡口和豫鲁咽喉 。为实现“确保大堤不决口、河道不断流、水质不超标、河床不抬高”的治黄目标，兰考县建设了 7 处河道工程，构建了完善的黄河防洪工程体系，包括：3 处黄河险工（东坝头险工、杨庄险工、四明堂险工）、2 处控导工程（东坝头控导工程、蔡集控导工程）和 1 处护滩工程（夹河滩护滩工程），共计 186 道（段）坝、垛、护岸。43 km 的堤防工程如万里长城巍然屹立于兰考黄河岸边。

图 1-10　东坝头河湾

东坝头险工位于兰考县西北黄河岸边，上接东坝头控导工程，下连杨庄险工。黄河在此形成近 90°大转弯，处于黄河“铜头铁尾豆腐腰”的“豆腐腰”地段，河床高出背河地面 3~5 m。它是黄河河道转向的关键节点工程，现有坝、垛、护岸 29 座（段），其中坝 1 道、垛 16 座、护岸 12 段，全长 1 513 m。

1.3　工程历史与作用

自 1855 年铜瓦厢决口后，东坝头堤防建设历经民埝、官堤等修复阶段，解放后不断完善，在人民治黄历程中持续巩固。东坝头河湾由东坝头险工、东坝头控导工程和夹河滩护滩工程共同组成，它上迎封丘县贯台控导工程来溜，下送溜至封丘县禅房控导工程。东坝头险工常年靠河，根石深达 15 m，在控导河势、防止塌岸、保护大堤方面发挥着关键作用，其工程建设标准可防御花园口站 22 000 m^3/s 的洪水。

2018 年，兰考河务局依据黄委示范工程创建标准，对东坝头险工进行全面整修，打造出集旅游、防洪、经济效益于一体的示范段。此后，结合兰考县政府规划，以其为核心建设兰考黄河水利风景区。该风景区融合了黄河防洪工程、绿色生态廊道和红色旅游资源，成为多功能综合性景区。如今，游客在此既能感受黄河的磅礴气势，又能欣赏壮丽的自然景色。

2　黄河三门峡水利枢纽工程——新中国水利建设的丰碑

2.1　基本情况

三门峡水利枢纽工程（见图 1-11）是新中国成立后在大江大河上修建的首座大型水利枢纽，也是黄河干流上兴建的第一个大型水利枢纽工程，被誉为“万里黄河第一坝”。它是我国第一个五年计划的重点项目之一，也是苏联援建我国 156 个项目中的首个水利项目。

图 1-11　三门峡水利枢纽工程

该枢纽位于黄河中游下段干流，连接河南、山西两省，坝址位于河南省三门峡市东北部。工程于 1957 年 4 月开工建设，1961 年 4 月大坝主体工程竣工。此后，为了更好地发挥工程效益，先后进行了两次改建，增建了“两洞四管”，打开 12 个施工导流底孔，有效增大了泄流能力。在水库运用方面，经历了“蓄水拦沙”（1960 年 9 月至 1962 年 3 月）、“泄洪排沙”（1962 年 4 月至 1973 年 10 月）、“蓄清排浑”（1973 年 11 月至今）三个阶段。其中，“蓄清排浑”运用方式的成功探索，为后续小浪底、三峡等大型水利枢纽工程建设提供了宝贵经验，为保障黄河下游岁岁安澜做出了巨大贡献，三门峡水利枢纽工程也因此被水利界赞誉为“泥沙专家的摇篮”。

枢纽工程主要由大坝、泄水道和水电站等部分组成。主坝为混凝土实体重力坝，长 713.2 m，高 106 m，宽 20.02 m。其控制流域面积达 68.8 万 km^2，占黄河流域面积的 91.5%；多年平均来水量占全河的 89%，控制全河来沙量的 98%。在 335 m 高程以下，有效库容可长期保持 60 亿 m^3。电站安装了 7 台水轮发电机组，总容量为 45 万 kW，在防洪、防凌、灌溉、供水、发电等方面发挥了显著作用，产生了巨大的综合效益。

2.2　工程意义

新中国成立后，把治理水患列入党和国家的重大议事日程，并在 1955 年 7 月全国人民代表大会第一届二次会议正式通过了《关于根治黄河水害和开发黄河水利综合规划报告》，将三门峡工程确定为当时苏联援建的 156 个重大项目之一的第一期工程，人民治黄事业便从此揭开了新的历史篇章。随着 1957 年 4 月 13 日三门峡工程开工兴建，黄河变害为利、造福人类，黄河之水“手中来”的梦想终于成为现实。

三门峡水利枢纽工程凝聚了新中国几代领导人的关心与支持，众多水利水电建设者为之奉献了青春、智慧、心血和汗水，还得到了全国人民的大力支援。工程建设期间，周恩来、刘少奇、朱德、习仲勋、董必武、邓小平等党和国家领导人亲临三门峡枢纽工地视察，给予工程建设极大的关怀。一代又一代水利人秉持“要把黄河的事情办好”的初心，牢记“黄河治理与开发并重”的使命，肩负起“黄河安澜、国泰民安”的期望，形成了“自力更生、艰苦奋斗、顽强拼搏、忘我奉献”的精神。随着三门峡水利枢纽的兴建，三门峡市这座新兴城市应运而生，来自全国各地的人才汇聚于此。在这里，山水与城市相互交融，文化与经济协同发展，大禹精神与新时代水利精神相互传承、共同发展。

3　邹平梯子坝治黄文化主题园——黄河下游的文化明珠

3.1　工程管理概况

邹平黄河河务局位于山东滨州黄河右岸，负责管理21.947 km的堤防、1处7段坝岸的险工以及3处77段坝的控导工程。

多年来，邹平黄河河务局在工程管理方面成绩斐然，自1998年起连续保持“国家级水利工程管理单位”的荣誉称号；梯子坝险工、官道控导、码头管护基地也连续保持“黄委示范工程”的荣誉；相继荣获黄委“十五”“十一五”“十二五”工程管理先进单位称号；在山东黄河历年工程管理检查中，始终名列前茅，2018年在全河年终工程管理检查中获得第二名。

2011年，邹平黄河水利风景区(图1-12)晋升为国家级水利风景区。2017年，邹平梯子坝治黄文化主题园开始建设，主要包含梯子坝险工、官道控导、胡楼广场3个展示区和旧城控导。

图1-12　邹平黄河水利风景区

3.2　各区域特色

3.2.1　梯子坝险工

梯子坝险工坐落于黄河下游右岸邹平市码头镇北部，对应大堤桩号99+725～100+125，它是一座单一的挑水坝，因外形酷似架在黄河上的梯子而得名。该坝始建于清光绪十年(1884年)，最初是为保护下游的齐东县城而修建，现有坝岸7段，全部为扣石坝，坝基总长度达1 640 m，是黄河上坝基最长的险工，堪称“黄河之最”。如今，历史人文展示区就建在梯子坝险工之上，向人们讲述着这里的过往。

3.2.2　官道控导

官道控导工程位于邹平市码头镇和台子镇的接合部，处于梯子坝险工下首，滩岸起止桩号为9+150～11+400。1967年10月，官道护滩工程开始修建，它是继20世纪50年代后建设的第二批河道整治工程之一。该坝最初为柳石垛，后因柳枝腐烂逐渐改为乱石垛。

2008 年,邹平河务局对官道控导进行重点整修,对 20 段坝的坝身和沿子石进行翻修,对 30 段坝的坝顶进行填垫整平,更新坝顶草皮,并对连坝路的树株全部更新。尤其是 1#~7# 坝,结合基建工程对沿子石、坝面及根石等进行专项整修,成为下游河道整治工程的亮点,2009 年被评为“黄委示范工程”。工程防汛文化展示区便设置在此处。

3.2.3 旧城控导

旧城控导工程位于邹平市台子镇,滩岸起止桩号 18+270~19+270,工程总长度 1 000 m,共有 13 段坝,裹护长度 1 151 m 。这里建有齐东文化生态园,展示着当地独特的文化魅力。

3.2.4 堤防工程

邹平黄河的堤防工程全长 21. 947 km,2007 年堤顶道路全部实现硬化,淤背区总长度 18 947 m。自人民治黄以来,邹平黄河进行了 6 次大规模的堤防加培工程,防洪标准不断提高。前 3 次大复堤实现了从人抬肩扛到机械化作业的转变,1999 年以后的 3 次大规模加高帮宽则完全实现了机械化施工。2016 年,邹平黄河标准化堤防建设完工,达成了黄河下游标准化堤防“防洪保障线、抢险交通线、生态景观线”的“三线”建设目标。

4 海口市美舍河——城市水生态修复典范

4.1 基本情况

美舍河(见图 1-13)全长 31 km(其中沙坡水库以下 16 km),水域面积 74. 1 万 m^2,流经龙华、琼山、美兰 3 个区,沿线居住着 33 万居民,是府城地区的母亲河。然而,随着经济发展和人类活动的加剧,美舍河流域出现了诸多生态问题。河道淤积、阻断,过水断面不足,导致沿岸低洼处内涝严重;外源和内源污染致使水体黑臭;河道渠化破坏了生态环境,使水体自净能力丧失。

图 1-13　美舍河

为解决这些问题,海口市相关部门作为实施机构,于 2016 年 6 月采用 PPP 项目模式对外招商。北京桑德环境工程有限公司和爱尔斯环保工程有限责任公司联合体成立海口桑德美沙环保工程有限公司,负责项目的实施。项目通过签署 PPP 协议,明确了具体的核算方案和分 15 年按效付费的付费机制,以此确保治理效果。该工程于 2016 年 6 月 15

日动工，建设内容包括截污纳管、河道清淤、水生态修复、示范段景观提升、一体化污水处理站及提升泵站、凤翔公园湿地等。2018 年 8 月 12 日，海口市人民政府在美舍河凤翔公园召开新闻发布会，宣布美舍河治理阶段性完工并进入运维阶段。

4.2　治理成效

经过治理，美舍河取得了显著成效。水体黑臭现象消除，水质常态下达到Ⅴ类水及以上标准，提前完成考核目标，生态环境得到极大改善，成为城市更新和生态修补的优秀范例。美舍河湿地公园凤翔段建成后，获评国家级水利风景区，不仅净化美化了城市水体，还带动了周边商贸区的快速发展。美舍河的治理经验得到广泛认可，生态环境部、住建部将其作为典型案例向全国推荐；海南省水务厅也发文向全省各市（县）推广其控源截污的做法。2018 年 12 月 20 日，美舍河入选“黑臭河流生态治理十大案例”。海口以美舍河为代表的水体治理工作受到了中央电视台、香港卫视、人民日报、新华社等媒体的专题报道，相关院士、专家、学者、业主和海口市民都给予了高度评价。2019 年 6 月，海口市水体治理工作受到国务院通报表扬，并荣获城市黑臭水体治理示范城市，获得中央资金 4 亿元支持。2020 年 1 月，生态环境部在官网上推介美舍河水体治理成功案例。

4.3　效益分析

美舍河治理项目在多个方面产生了良好效益。在水环境方面，黑臭消除，水质达标，河道自净能力逐步恢复，为微生物、两栖生物、鱼类、鸟类等提供了栖息空间；在水景观方面，下游 6 km 慢行系统全线贯通，新增 22 个市民活动广场，融合水岸空间，以本地植物为主进行绿化，既体现地方特色，又控制了成本；在水安全方面，河道雨洪蓄排能力增强，调整断面后，20 年一遇的洪水水面线比改造前平均降低 0.4 m，洪水流速降低 30%，有效缓解了内涝问题；在水文化方面，挖掘和修复工作成效显著，新增了凤翔湿地公园、滨河景观系统等水文化休闲产品，串联起海南文化体育公园、府城、五公祠等人文历史场所，延续了南洋文化、海南本土文化的脉络。

5　陕西省汉中市一江两岸天汉湿地公园——汉水之滨的生态文化乐园

5.1　工程基本情况

5.1.1　建设历程与规模

汉中市一江两岸天汉湿地公园（见图 1-14）已建成区域东起汉江桥闸、西至龙岗大桥上游沙沿沟口，南北两岸河道河堤岸线约 24 km，全域面积约 10 km^2。作为汉江综合整治示范项目和全面推行河长制示范段，它在防洪工程的基础上，发展成为集防洪保安、生态景观、休闲娱乐、旅游观光、户外健身于一体的综合性公园。

2003 年起，水利建设者转变河道建设思路，加大对汉江中心城区段的综合治理力度，启动汉江天汉大桥至桥闸段区域一江两岸的建设。2005—2012 年，完成桥闸至天汉大桥东段南北两岸防洪工程建设，将生态和文化景观融入其中，打造了诗词大道、日晷广场、休闲长廊等景观。期间建成 1 座桥闸，10.9 km 百年一遇设防标准的堤防，形成 3.51 km^2 湖面、28.3 万 m^2 景观绿地、16 km 景观园路、28 处各类景观广场，还安装了大量的护栏、景观灯具、服务性建筑等设施，累计投资 6 亿元，形成了一江两岸天汉大桥东段景观带。这一区域的建成，使汉江中心城区段一江两岸堤防不再仅具备防洪功能，更成为汉中市的对

图 1-14 一江两岸天汉湿地公园

外展示窗口和旅游热点,提升了城市形象。

汉江城区东段两岸建成后,得到社会各界的高度评价。汉中市委、市政府按照高起点、大手笔把一江两岸建设成为 5A 级景区的规划目标,自 2013 年开始启动上游天汉大桥至龙岗大桥段两岸建设。相继建成百年一遇防汛堤防 10 km,水力自控翻板闸 1 座,形成自然水域面积 1.88 km^2,滩地溪流 2.1 km,景观栈道 6.2 km,河道驳岸 5.6 km,生态岛屿 219 座,生态湿地面积 132 万 m^2,共计投资 6.7 亿元。形成了"一廊二线七广场"游憩体系和风景优美、生态修复的湿地景观,有力地彰显"水韵汉中、真美汉中"城市形象。

5.1.2 工程意义

一江两岸天汉湿地公园的建设,在发挥防洪御险、保障城市安全基本功能的同时,达成了多维度的重要目标。

城市发展格局方面,它突破了历史上"三筑两迁"的束缚,使原南郑县大河坎镇融入中心城区,汉中实现跨江发展,汉江穿城而过,城市框架得以拓展,为未来的持续发展开辟了更广阔的空间,注入了新的活力。

治理模式上,一改传统的就水论水、就河治河模式,将工程水利转变为资源、生态、景观、文化深度融合的水利模式。在建设中融入现代、人文和生态元素,既提高了水利工程的综合效益,又提升了城市的文化底蕴和精神品质,增强了城市特色与魅力。

从产业带动和社会效益来看,该工程跳出水利部门的单一框架,将文化、旅游等行业的发展纳入其中。这不仅为汉中的经济发展搭建了广阔平台,带动了相关产业繁荣,创造更多就业与发展机会,还让市民在亲近自然的过程中,感受人水和谐共生的美好,提升了生活的幸福感和归属感。

总之,一江两岸建设充分彰显了人性化理念,实现了山、水、城的有机融合,是一项实实在在的惠民工程。如今,天汉湿地公园凭借其较大的规模和良好的景观条件,成为汉中展示绿水青山的城市名片,也是游客的心仪之地、市民的温馨家园、城市的形象窗口以及文化传承的重要阵地。

5.2　水文化建设情况

5.2.1　营造水润天汉的文化意境

5.2.1.1　营造“汉、水、绿”的景观外貌

建设者巧妙利用汉江中心城区平川段平缓开阔的地势，修建汉江桥闸和翻板闸，造就 540 万 m^2 的宽阔水面。在近水滩面打造曲折自然的岸线，借助原有砂石弃料堆和自然土丘，塑造出岛屿、沙洲、溪流等多样自然地貌。同时，种植各类乔灌花草，构建起层次丰富的植物景观，建成 200 多万 m^2 生态绿地，使绿化覆盖率超 85%，打造出极具特色的“汉、水、绿”景观外貌。

5.2.1.2　营造“山明水秀、鸢飞鱼跃”的诗意画面

在规划设计天汉湿地公园时，建设者深入挖掘汉中汉江的历史文化，广泛查阅历史文献、收集老照片，积极听取各方建议，还从《诗经》中汲取灵感，精心挑选最具代表性的历史画面，为场景设计提供丰富素材。

施工过程中，建设者秉持尊重自然的理念，最大程度保留汉江原有形态。通过专业的工程手段修复生态岛屿，打造原生态湿地景观。如今，公园内绿柳垂堤、河湖相连，“月照天汉地、芦荻秋江阔”的网红景点吸引众多游客打卡。园路与植物相互映衬，将梁山的壮丽和江边民居的质朴融入江景之中。

在植物造景上，建设者精挑细选了 100 多种适宜在汉中生长的植物，涵盖引入品种和本土原生植物，构建起以岛屿、水系、湿地植物为特色的湿地群落，形成复合生态链。生态修复成效显著，仿生自然群落逐渐成形，为鸟类提供了稳定栖息地，湿地动植物的种类和数量都明显增加，让汉中人记忆中的“西北江南”美景重现并焕发出新的魅力。

5.2.1.3　营造“亲水、惜水、戏水”的和谐场景

建设者秉持柔性治水理念，顺应行洪特性，尽量减少人工雕砌，保留水域岸线的自然模样，达成人水和谐的治理效果。公园内打造了仿自然溪流、沙滩、木栈道、亲水平台等设施，这些设计不仅提升了人们“逐水而居”的体验感，还让这里成为休闲游玩的热门选择，人们能在此尽情享受亲近自然的乐趣。

5.2.2　建设包涵丰富的文化景观

在天汉湿地公园的建设过程中，建设者肩负起宣传汉中历史、普及汉水文化的重任。他们围绕“汉水、汉中”主题，运用雕塑、浮雕、石刻、小品和场景等多种形式，在园区内全方位展现文化内涵。

5.2.2.1　汉中及汉水流域历史文化方面

在呈现汉中及汉水流域历史文化时，建设者别出心裁。他们依据《诗经》描述，用汉白玉精心打造汉江流域首座汉水女神雕塑；以“汉”字文化为切入点，修建 20 km“百汉长堤”和一处“百汉大道”，展示历代一百种“汉”字书写字体；借助浮雕，生动讲述两汉三国时期发生在汉中的历史典故；还通过石雕石刻，记录源自汉中的名人名言、成语，以及广为流传的古诗词，让游客深入领略当地深厚的历史文化底蕴。

5.2.2.2　水文化方面

在水文化展示上，天汉湿地公园着力打造汉水主题雕塑群，“生命之源”“守望之门”“浮岛飞鱼”等雕塑，寓意水乃万物之源，生动展现出汉江滋养天汉大地、孕育万物的重要

意义。同时,公园临水建设了丰富多样的功能设施,有古朴的 1 处仿古船坞,充满诗意的“沧浪亭”“雨轩” 等 4 处建筑,造型独特的 “帆影” 风雨棚 4 处,以及风格各异的 13 座桥梁。这些设施增添了浓厚的水文化氛围,让人们在游览中感受水文化的魅力。

5.2.2.3　汉水民俗方面

在汉水民俗呈现上,公园充分挖掘地方特色。用汉江在汉中的 13 条支流为观景平台命名,增强人们对当地水系的认知。依据历史遗迹,在原址复建上水渡、永兴渡等仿古码头,并设置渡口情景雕塑,重现昔日渡口的热闹场景。结合场地现状,布置 “垂钓”“捞鱼”“牧牛” 等充满童趣的生活场景雕塑,展现汉水流域的民俗风情。此外,音乐喷泉放映的水幕电影,宣传汉中的历史传说、美丽风光和 “秦岭四宝”,传唱汉中风土人情和民歌民调,让游客沉浸式体验汉水民俗文化。

5.2.2.4　水生态文明方面

作为南水北调水源地的汉江上游,生态保护至关重要,这一点在公园建设中得到充分落实。建成后的湿地公园滨水区域,山水相依、波光粼粼,蒹葭摇曳、水鸟飞翔,城市与河流相互映衬,完美诠释了 “绿水青山就是金山银山” 的理念。公园内设置 5 处植物组字、3 处石刻,宣传水生态文明,展现汉中人民保护汉江的努力。科普宣传牌向市民和游客介绍汉江的水鸟、珍稀野生动物和湿地植物,传播保护环境、与自然和谐共处的知识,提升人们的生态保护意识。

6　重庆市合川城区涪江上段防洪护岸生态治理综合工程——城市防洪与休闲的完美结合

6.1　基本情况

重庆市合川城区涪江上段(赵家渡段)防洪护岸生态治理综合工程位于城区涪江右岸三桥和四桥之间(见图 1-15),全长 2.35 km,宽度在 60~130 m,相对高差 16 m。工程设有 4 处穿堤排洪箱涵,建设面积达 21.38 hm^2。在此工程中,共种植了 60 种乔木和 96 种灌木,绿化率高达 82%,总投资 3.34 亿元,其中堤防主体投资 1.03 亿元、景观工程投资 0.88 亿元、征地移民投资 1.43 亿元。

图 1-15　重庆市合川城区涪江上段

工程建成后，显著提升了城区的防洪能力，将防洪标准由过去不足 5 年一遇提高到 20 年一遇，同时为合川市民提供了一处高品质的休闲健身公益场所，受到广大市民的高度好评。该工程在技术和质量方面成果突出，取得两项国家实用新型专利，荣获一项部级工法、两项全国优秀质量管理小组一等奖，还获得重庆市水利工程优质奖和文明工地奖，并于 2016 年 11 月荣获中国水利工程优质（大禹）奖。

6.2　工程亮点

（1）在设计理念上，引入"自然、生态、亲水"的治河理念，融入海绵城市的功能，打造集防洪护岸、文化展示、休闲游览、涉水观光等多功能于一体的生态水利工程。

（2）建设模式上，突破常规，采用市政景观工程的建设方式同步推进水利工程建设，实现同步设计、同步施工、统一建设，既降低了工程总投资，又大幅缩短了建设工期。

（3）技术应用上，采用钢丝石笼网边坡护面，这种材料柔性大、抗冲刷能力强，能适应水下基础变形和不均匀沉降，同时石笼网的空隙为鱼虾提供了栖息繁殖场所。

（4）景观构建上，部分堤段保留原地形，设置仿古悬空栈道和人行步道，构建沿江生态景观长廊，对钢丝石笼网进行覆土并栽种亲水植物，打造独特的沿江水生态驳岸景观。

（5）景观布局上，纵横分布合理，层次清晰、错落有致，有效降低雨水冲刷。整个工程绿化率超过 80%，没有裸露地表，有效控制了水土流失。

7　青岛市大沽河治理工程——综合整治的成功范例

7.1　工程基本情况

7.1.1　河流地位与治理背景

大沽河（见图 1-16）作为青岛的"母亲河"，不仅是重要的防洪、排涝河道，还是青岛市关键的供水水源地。它流经莱西、平度、即墨、胶州、城阳五区市，流域面积 4 781 km^2，约占青岛市域总面积的 45%。流域内有 50 个镇，分布着海尔、海信等上万家厂矿企业，居住人口约 240 万人，耕地约 348 万亩❶，占市域耕地总面积很大比例 。

图 1-16　青岛大沽河

2011 年 8 月，青岛市委、市政府印发《中共青岛市委 青岛市人民政府关于实施大沽

❶　1 亩≈666.7 m^2，全书同。

河治理的意见》,全面启动大沽河治理工作,涵盖防洪、水源开发、道路交通、生态建设、环境保护、现代农业产业化基地、小城镇与新农村示范建设等七大工程。工程从2011年5月开始启动,到2014年底,七大工程陆续完工。

7.1.2　工程建设内容与成果

工程于2011年5月启动,2014年底,七大工程陆续完工。防洪工程拓宽了大堤,提升了防洪能力,应用新技术确保工程质量和生态效果;水源开发利用工程新建、改建拦河闸坝,增加蓄水量,缓解旱情;堤顶道路及跨支流桥梁工程完善了交通网络;绿化工程增加了林地和湿地面积,改善了生态环境。大沽河治理工程推动了水利现代化和水生态文明建设,提升了防洪、蓄水能力,改善了生态环境,促进了产业转型和区域经济发展,得到居民高度认可。

(1)防洪工程。防洪工程于2012年10月全面展开,2013年底完工。完成了227 km的堤防填筑、116 km的河道疏浚、257 km的河道护岸建设,以及124座取水口、涵闸等穿堤构筑物的建设。防洪大堤顶宽从4~6 m拓宽到14 m,全线防洪能力提升至50年一遇标准。施工过程中积极应用"四新"技术和专利技术,如采用生态袋、生物毯、格宾笼、生态混凝土等多种生态护岸新材料,通过一些生态防洪措施的专利技术确保护岸稳定,同时促进植物生长,实现低成本、高速度、高质量的生态治理效果;针对不同基础情况,优化选择抛石挤淤、桩基等多种基础处理方案,并创新"钢板支撑施工法"解决格宾笼下沉变形问题,保证工程质量。该工程先后荣获青岛市多项荣誉,2016年获得中国水利优质工程"大禹奖"。

(2)水源开发利用工程。该工程于2013年5月开工,采用环形闸、钢坝、充气、液压等国内外先进技术和挡水形式,在大沽河干流新建、改建9座拦河闸坝,2014年4月10日完成建设。新增蓄水面积13 km^2,蓄水量2 860万 m^3,与原有的10座拦河闸坝实现阶梯拦蓄,形成近百公里连续水面,有效缓解了两岸农业灌溉及乡镇用水的旱情矛盾,9座拦河闸坝全部通过过流、蓄水考验。

(3)堤顶道路及跨支流桥梁工程。该工程完成了全线220 km堤顶行车道和自行车道路面铺设,并建设了13座跨支流桥梁,完善了区域交通网络。

(4)绿化工程。新增林地17万亩,使林地总量达到33万亩,森林覆盖率提高到32%以上;新增湿地7万亩,湿地总量达到29万亩,湿地率增加到28%以上。共栽植乔木1 007万株,灌木810万株,地被542万 m^2,对两岸堤防顶端、两侧边坡、河床滩地以及排水沟外60 m范围进行了全面绿化。

7.2　水文化建设

7.2.1　生态文明

推进水生态文明城市试点建设,形成连续水面,回灌地下水,改善水质,增加湿地面积,为野生动物提供栖息地,打造生态景观长廊。大沽河治理过程中,拦河闸坝的建设使得总蓄水量大幅提升,从原来的4 400万 m^3 扩容至8 700万 m^3,形成近百公里的连续水面。这些拦蓄的水资源有效地回灌了地下水,使得大沽河周边的地下水位得到稳定和提升,为周边植被生长提供了充足的水分。同时,水质得到明显改善,水生植物和鱼类的种类与数量都显著增加,如常见的芦苇、菖蒲等水生植物在河道周边大量生长,鲫鱼、鲤鱼等鱼类资源也日益丰富。

实施退耕还湿、退耕还林等生态建设工程后,新增湿地6万余亩。新增和修复的湿地系统发挥了重要的调蓄水源功能,为上百种濒危鸟类、候鸟迁徙及其他野生动物提供了理想的栖息繁殖地。少海国家湿地公园作为大沽河水系的重要组成部分,水域广阔,物种丰富,每年都有大量野生水鸭、海鸟在此栖息,天鹅也会在迁徙季节到此越冬,成为"生态先行,环境优先"的典范。全线堤防和绿化带栽植了大量的乔木、灌木和地被植物,新增绿化面积7.2万亩,森林覆盖率增至32%以上,形成了一条郁郁葱葱的生态绿带。春暖花开时,河流蓝带与生态绿带相互映衬,构成了一幅"水清、岸绿、景美"的生态景观长廊。

7.2.2　历史人文

保护和传承大沽河孕育的早期文明,建设大沽河博物馆,展示流域历史文化风貌。大沽河拥有悠久的历史,孕育了青岛地域的早期文明。流域内分布着三里河、即墨古城、板桥坊等古遗址,三湾崖、张柄寺、陈仙姑塔等古迹见证了岁月的变迁。即墨挂甲树历经千年,依然生机勃勃,承载着当地的历史记忆。

为了更好地保护和传承大沽河文化,在胶州市修建了大沽河博物馆。该博物馆以大沽河流域的历史变迁为主线,通过古代场景复原、多媒体光电技术、沙盘模型复原、历史人物雕像等多种方式,生动形象地展示了大沽河流域各个历史时期的文化风貌。观众走进博物馆,仿佛穿越时空,能够直观地感受到大沽河地区从古代到现代的发展历程,了解当地的民俗风情、生产生活方式以及重大历史事件,使大沽河的历史文化得以更好地传承和弘扬。

7.2.3　科技文明

应用新技术建设拦河闸坝,打造数字大沽河工程,实现流域数字化管理。在大沽河治理工程的"硬件"建设上,基于防洪和水源工程的需求,坚持世界眼光、国际标准,首次应用了生态混凝土、抗冲生物毯、生态护岸等新技术。新建(改建)的9座拦河闸坝,每一座都根据当地的水资源条件和历史文化元素进行设计,各具特色,与周边环境完美融合,堪称一座拦河闸坝博物馆。例如,位于大沽河移风店镇河段长达285 m的九孔护目镜式拦河闸,不仅在水利功能上发挥着重要作用,其独特的造型在河面上形成了"彩虹卧波"般的美丽景观,成为当地的标志性建筑。

在"软件"建设方面,配套实施了数字大沽河工程。通过建设信息采集系统、视频监控系统、通信与计算机网络、数据中心等,综合运用遥感、地理信息系统等现代技术,对大沽河流域实现全面监控。这一数字化管理系统能够实时掌握流域内的雨情、水情、工情等信息,为防汛减灾、水量调度、水质监测、水土流失监测和工程管护提供科学依据,实现了对大沽河流域的高效、精准管理,提升了水利工程的管理水平和运行效率。

7.2.4　休闲旅游

沿岸修建堤顶道路和自行车道,形成滨河绿道,与跨河桥梁构建交通路网,打造旅游产业带,举办多项赛事,打响休闲旅游名片。大沽河治理工程沿岸修建了220 km的堤顶道路,并专门开辟了自行车道,形成了贯通南北的滨河绿道。这条绿道与沿河建设的22座跨河桥梁有机衔接,共同构建起沟通两岸、快捷便利的区域交通路网,为人们出行和休闲提供了极大的便利。

以大沽河河道干流为核心轴，以区域交通路网为基本骨架，打造了多个特色景观区域，如东夷寻源“莱夷城”（城市滨水区）、蔬菜之乡“百菜园”（农耕体验区）、双河交融“姑尤汇”（故城风貌区）、湿地岛链“千岛湖”（田园城镇区）、世外桃源“桃花源”（田园城镇区）、槐林沙溪“古槐林”（田园城镇区）、水色如胶“胶水湾”（近海发展区）、海天一色“河海滩”（河口涵养区）。这些区域以蓝色水带、绿色林带、多彩花带、故城历史、东夷文化、度假休闲为支撑体系，形成了具有强大外部辐射带动能力和区域经济带动能力的旅游产业带。该产业带遍及周边13个乡（镇、街道），辐射莱西姜山湿地、平度大泽山、即墨古城、胶州艾山等多个旅游景区。

2015年，第二届世界休闲体育大会自行车赛在大沽河河畔成功举办。比赛中，专业选手们展开激烈角逐，上演“速度与激情”，普通市民也纷纷相约好友骑行漫游，尽情体验运动休闲的乐趣。治理后的大沽河堤顶道路平整宽阔，骑行视线良好，沿途绿树成荫、青草遍地、鲜花盛开，宛如一幅风光旖旎的山水画卷，得到了国内外参赛选手的一致好评。此后，大沽河又先后被选作大沽河健步行、国际马拉松等国内外赛事的举办场地，凭借这些赛事成功打响了休闲旅游名片，吸引了越来越多的游客前来观光旅游。

7.2.5 乡村文明

整合沿河村庄为新型农村社区，完善基础设施，发展新型农业，传承乡村文化，展现田园风光。大沽河治理工程将沿河402个村庄进行重新整合，升级改造为新型农村社区。在改造过程中，完善了农村基础设施，如修建了更加便捷的道路、改善了水电供应等，提升了村民的生活质量。

以大沽河堤顶道路和跨河桥梁组成的交通网为依托，充分发挥当地特色产业和特色农产品优势，引导传统农业向休闲、观光、生态等新型农业发展。例如，一些村庄利用当地丰富的果蔬资源，开发了采摘园项目，吸引游客观光、休闲和体验，增加了农民收入。在发展新型农业的同时，注重保护农村地形村貌，保留田园风光，传承乡村生活方式，弘扬多彩的大沽河乡村文化。通过举办民俗活动、展示传统手工艺品等方式，让乡村文化得以传承和发展，使大沽河沿岸的乡村焕发出新的生机与活力。

第 2 章　生态景观气盾坝过流分析

第 1 节　问题提出

1　橡胶坝的起源及优缺点

1.1　橡胶坝的起源

橡胶坝的出现,是水利工程领域在材料运用与设计理念上的一次重大飞跃。橡胶坝是 20 世纪 50 年代末随着高分子合成材料的发展而出现的一种低水头水工建筑物,又称尼龙坝、织物坝等,我国通常称其为橡胶坝。

从设计和构造来看,橡胶坝蕴含着创新的水工建筑技术。它以高强力的合成纤维织物作为主要承载结构,表面涂覆合成橡胶增强了织物的黏合力。制作时,先生产出胶布,再依据设计规格将其裁剪成坝袋形状,之后固定在混凝土基座上,形成密封的囊状结构。当需要挡水时,向囊状结构内注水或充气,它便会膨胀,成为一道坚固的挡水屏障;不需要挡水时,排出内部的水或气体,河流或渠道就能恢复原本的流动状态。

橡胶坝的主体就像一个巨大的橡胶囊。在膨胀过程中,囊内充满水或气体,与囊壁协同作用,构成有效的挡水结构。当橡胶坝膨胀到设定高度,坝袋中的合成纤维会承受主要拉力,而坝袋所受压力则通过锚固螺栓传递到混凝土基座,保障坝袋的稳定。其设计的精妙之处还在于,坝体高度可按需调整,坝顶还能设计成溢流式。

近年来,不少城市在市区或郊区建造橡胶坝,形成人工湖,起到美化环境的作用。像北京、承德、深圳、沈阳、抚顺、南阳、临沂等城市,都已建成众多橡胶坝。这些橡胶坝集防洪、供水、灌溉、美化环境等多种功能于一身,在河流整治、水资源合理利用、生态环境保护以及旅游开发等诸多领域,都发挥着不可或缺的重要作用,为城市发展和人们生活品质的提升贡献力量。

1.2　橡胶坝的优缺点

橡胶坝的创新源于对传统水坝弊端的深入思考,传统水坝存在材料消耗大、施工复杂、影响生态环境等问题。与之相比,橡胶坝凭借自身优势,为水利工程发展带来了新契机。

橡胶坝的设计打破了传统水坝的束缚,运用现代合成材料,简化施工流程,降低对环境的干扰。橡胶坝的坝高可调节,运行方式灵活,能很好地满足不同水利需求,实现与自然环境的和谐共处。借助橡胶坝,人类在管理水资源时,既满足自身需求,又兼顾生态保护与可持续发展,对水利工程发展意义重大。不过,橡胶坝也并非十全十美,比如它的耐久性相对较差,易受强风、尖锐物等破坏,这也是在应用中需要注意和解决的问题。

橡胶坝的出现为水利工程带来了新的解决方案,其轻巧、灵活且环保的特性使其在多个领域得到广泛应用，涵盖灌溉、发电、供水、航运、防潮蓄淡、地下水回灌、城市水利、环境美化以及改善区域小气候等诸多方面。当然，它既有显著优势，也存在一些缺点。橡胶坝有以下优势：

（1）资源节约：橡胶坝采用合成材料制成，其薄壁设计极大减少了对钢材、水泥和木材等传统建材的需求。经统计，通常能节约钢材30%～50%，节约水泥约50%，节约木材超过60%。这不仅降低了资源消耗，还减少了对环境的压力。

（2）成本效益高：与传统水闸相比，橡胶坝建设成本大幅降低，投资减少幅度在30%～70%。在溢洪道建设的橡胶坝，因基础工程小，坝袋成本约占总投资一半；而河道上的橡胶坝，虽基础处理复杂，坝袋成本仅约占总投资20%。

（3）快速施工：橡胶坝的坝袋和控制系统等组件在工厂预制，现场安装简便快捷。整个建设周期一般在2～6个月，能快速产生效益。对于长30～60 m、重5～20 t的坝袋，运输和安装简便，安装时间3～10 d，机械化安装可缩至2～5 d。

（4）抗震能力强：橡胶坝的柔性薄壳结构赋予其出色抗震性，能抵御强烈地震和极端水文事件。如1975年河南省西平县五沟营橡胶坝在特大洪水中表现卓越，1976年河北省唐山市陡河橡胶坝在大地震中也证明了其较高的抗震性能。

（5）行洪无阻：放空水或气体后，橡胶坝坝袋平贴底板，不改变原有河道过水能力。宽阔跨度减少中间结构，确保洪水期间水流畅通，是理想的防洪结构。

（6）易于操作与维护：橡胶坝通过水泵或空压机，利用简单机械装置控制坝袋升降，操作简便，维护成本低。坝袋锚固设计密封性好，减少维修需求，比需频繁维护的钢闸门更经济。

（7）景观融合度高：橡胶坝设计兼顾功能性与环境和谐。其流畅线条和优美造型，无论充水挡水还是放水行洪，都能与城市景观自然融合，提升城市河道美学价值。

橡胶坝也存在一些不足之处。其坝袋很薄，只有数毫米，容易被洪水冲破或被漂浮物划破，从而丧失工作能力。而且，由高分子聚合物组成的坝袋容易老化，使用寿命相对较短，维修也有一定难度。另外，充水橡胶坝充水和泄水时间较长，实现自动控制的难度较大。

总体而言，橡胶坝凭借诸多优势在水利工程中具有重要价值，但在应用时也需充分考虑其缺点，合理规划和使用，以实现最佳效益。

2　气盾坝诞生及优缺点

气盾坝作为一种新型水工建筑物，是在橡胶坝的基础上发展而来的。20世纪90年代末，鉴于橡胶坝存在一些局限性，如坚固性差、坝袋易老化等问题，气盾坝应运而生。它巧妙地综合了传统钢闸门、充气橡胶坝和翻板闸的优点，形成了刚柔相济的独特结构。其工作原理是通过气囊支撑坝体的启闭，同时利用钢盾板挡水并保护气囊，这种创新设计使其具备了构造简单、施工期短、与环境和谐、维护成本低、使用寿命长以及安全可靠等诸多优势。气盾坝是一种低水头、大跨度的挡水建筑物，与我国常见的低水头、大跨度直升平面钢闸门、水力自控翻板闸和橡胶坝相比，具有以下明显的优势：

（1）经济效益显著：传统的直升式平面钢闸门结构笨重，所需启闭力大。在建设时，通常需要在河道上建造闸墩和工作桥,并且要配备专门的启闭机,这无疑增加了建设成本和施工难度。而气盾坝采用翼型结构和单元式模块化设计,实现了门体的轻量化。这种设计避免了对重型基础设施的需求,不仅简化了闸基结构,还大幅减少了水泥和钢材的使用量。同时,施工时间也得以缩短,提高了工程的投资回报。此外,气盾坝的故障率较低,维护工作也相对简单,进一步降低了成本。

(2)安全性与可靠性高:传统钢闸门的刚性连接在面对洪水带来的泥沙淤积或者地震等极端情况时,容易发生变形。一旦变形,就可能妨碍其正常运作,影响安全泄洪。气盾坝则具有卓越的抗震性,即使在结构发生一定程度的变形后,仍能保持正常运行。在紧急情况下,例如电力供应中断,气盾坝依然能够保证闸门的启闭操作,确保泄洪过程顺畅。而且,气盾坝的设计有效避免了橡胶坝可能遭受的漂浮物损伤以及水力自控翻板闸可能出现的堵塞问题,为水利工程提供了更为可靠的安全保障。

(3)生态环保性能好:在材料选择方面,气盾坝采用了达到食品级标准的物质,从源头上保证了其在环保方面的高标准。其驱动力来源于清洁的压缩空气,完全摒弃了对机械用油的依赖,从而避免了对水质及周围环境造成污染。坝体设计允许其在不使用时平铺于河床之上,这样既保障了水生生物的自由流动,又维持了河道的自然连通性,对生态环境的保护起到了积极的促进作用。

(4)运行管理方便:气盾坝具有极高的自动化水平,这不仅减少了人为操作的需求,还显著降低了故障发生的概率。其操作流程简洁,维护方式简便,使得日常管理更加容易。由于采用单元式连接设计,即便部分组件发生故障,也不会影响整个系统的正常运作。可以快速更换损坏部件,无需放空水库,有效节约了水资源。此外,气盾坝避免了充水式橡胶坝在自动控制方面的不足以及水力自控翻板闸在紧急情况下可能出现的运行障碍,通过实现“少人值守”的管理模式,大幅降低了人力和财力的投入,减少了维护成本。

(5)应用范围更加广泛:气盾坝具有良好的耐寒性能,可以在寒冷地区使用,在低温情况下依然能够正常工作,甚至还能起到破除冰封的作用。气盾坝的出现为低水头、大跨度水工闸门提供了新的设计思路,可广泛应用于水力发电、防旱排涝、河道改造、城市景观建设、水生态保护和治理修复等多个领域。

(6)环境融合与美学价值高:气盾坝在设计上十分注重与周围环境的和谐融合。它拥有流畅的线条和简洁的外观,既满足了水利工程的功能性需求,又增添了美学价值,提升了公共空间的视觉体验,使水利工程不再仅仅是功能性的建筑,更成为了城市景观的一部分。

(7)技术创新持续发展:气盾坝的研发和应用代表了水利工程领域的技术进步,其设计理念和运行机制体现了对可持续发展的承诺。随着技术的不断成熟和创新,气盾坝有望在未来的水利建设中扮演更加重要的角色,为全球水资源的合理利用和保护做出更大的贡献。

气盾坝自诞生以来,凭借其优良的特性,受到了世界许多国家的重视,并得到了迅速的发展。在我国,气盾坝大多建在河道、渠系、水电站、水库、湖泊及滨海地区,在河流整治、水资源利用、生态和环境保护等领域发挥了重要的作用,并且其使用范围还在不断拓展。

3 气盾坝结构及运行原理

气盾坝是由 1 组盾板、1 组气囊、1 排基础锚固螺栓、1 套气动充排系统组成的新型挡水坝(见图 2-1)。其中,钢盾板提供正面挡水;具有充涨功能的气囊提供对挡水盾板的支撑;基础锚固螺栓和软连接构筑坝的整体结构;充排系统提供运行动力,实现升坝和降坝。

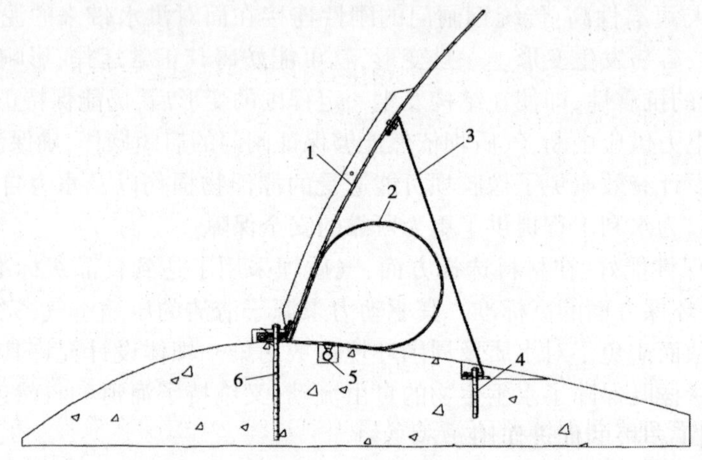

1—钢盾板;2—气囊;3—安全控制带;4—安全控制带锚固螺栓;5—进排气管;6—主锚固螺栓。

图 2-1 气盾坝构造图

挡水运行时:支撑气囊隐藏在盾板之后,水流和漂浮物越盾板而过,支撑气囊和附属系统不受冲刷。

降坝泄洪时:盾板将气囊完全覆盖(见图 2-2),气囊与流水、沙石、冰凌完全隔开,气囊也不因流水的拍打、震动产生磨损,气囊处于更安全的保护环境。

图 2-2 气盾坝卧门泄洪

目前,气盾坝的设计安全挡水高度已达到 8 m,运行压力设计在 0.7~2.0 MPa,运行稳定。目前已生产的气盾坝的挡水高度达到 4 m,运行稳定,并已具备生产 5~6 m 坝高的生产能力。气盾坝的充排时间短,一般在 20~30 min 内可完成充坝或降坝,能够及时避开洪峰的威胁。

4　气盾坝过流能力计算面临的问题

气盾坝是综合橡胶坝、钢板坝二者之长的新型水工建筑物。该新型坝型具有传统水利泄流挡水特点，又有生态水利景观环保优势，近些年逐渐被广泛用于各种水文情况复杂的河道和美化城市建设的河道。

在打造美丽乡村、建设智慧城市时，河道上往往建设若干道气盾坝，形成气盾坝群，坝群间往往需要联合调度，从河道防洪、水资源高效利用、水环境保护等方面，需要科学决策每道坝运行方式，提升对自然灾害、突发事件的应急决策能力，提高现代水利精细化管理水平，推动智慧水利建设。

科学决策气盾坝运行方式最基础的工作就是需要准确计算气盾坝过流能力。目前，气盾坝虽然应用越来越广，但国内外对此方面没有进行深入研究。在气盾坝设计阶段，设计单位往往简单按照卧门挡水时宽顶堰流计算流量，立门泄流时薄壁堰流计算流量，而且只粗略计算两种极端运行情况泄流量，不同开度泄流如何计算泄流量没有进行深入研究；在运行管理阶段，管理人员基本都不清楚气盾坝泄流量，因此不能准确地进行坝群间的联合调度。

气盾坝从泄流特点来说属于堰，但气盾坝运行开度不同其水流现象且建筑物型式不同，泄流过程中，由于开度变化，重力作用与坝顶托作用也在变化，导致堰型在动态变化，气盾坝泄流既不完全属于典型的薄壁堰、实用堰，也不完全属于宽顶堰（见图 2-3）。计算过流能力时，不同堰流计算公式框架相同，但不同堰型流量系数确定方法及大小不同，而流量系数是影响过流能力的关键因素。目前，立门泄流时无论单一按薄壁堰流计算，还是按实用堰流或宽顶堰流计算，都与实际泄流不相符，按哪种传统堰型确定的流量系数都不合适，都会导致计算流量不准确，甚至计算结果错误，从而影响防洪和水资源高效利用，影响坝群科学调度和现代水利精细化管理。

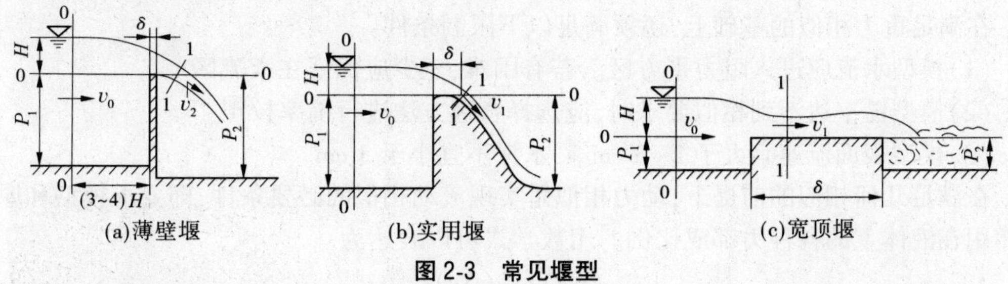

图 2-3　常见堰型

针对这些问题，需要进一步深入开展气盾坝水力特性及过流能力计算的理论研究、模型试验和工程实践，不断完善计算方法，提高计算精度，为气盾坝的科学设计、安全运行和优化调度提供技术支撑。

第 2 节　气盾坝水力模型试验设计

1　断面模型试验任务

水利工程中研究河道水流常用方法有资料分析法、物理模型法、数值计算法，根据实际情况及气盾坝溢流水流特点，采用准确可靠的物理断面模型试验测定流量系数，确定气盾坝水头与流量关系图和关系式，分析不同开度对应堰型，供设计单位规划阶段准确计算，运行管理部门精准调度、科学运行，有利于水资源节约节能、河道的防洪减灾能力及城市景观多样性提升。

模型试验测定分析气盾坝不同流量、不同水头、不同开度流量系数，为工程中过流能力计算提供依据。

2　模型设计制作

2.1　规范标准

模型设计制作、测试按照《水工(常规)模型试验规程》(SL 155—2012)(简称《规程》)进行。《规程》适用于以重力为主要作用力的水工(常规)模型试验，包括明流和有压流。水工(常规)模型试验研究范围为水利枢纽布置和各种泄水建筑物的工程水力学问题，《规程》对模型相似准则、模型设计等做了相应规定。模型设计制作、测试还参考了《水电水利工程常规水工模型试验规程》(DL/T 5244—2010)等。

2.2　模型设计

模型相似要满足 3 个条件，即几何相似、运动相似、动力相似。其中，几何相似是前提，动力相似是保证，具备前两个条件才能实现运动相似这个目的。运动相似和动力相似是表示原型和模型两个流动对应的点速度、压强和所受的作用力都分别满足确定的比例关系。仅靠理论分析对工程中的水力学问题进行求解存在许多困难，模型试验和量纲分析就是解决复杂水力学问题的有效途径。

在满足重力相似的基础上，还须满足以下限制条件：

(1)模型水流应进入阻力平方区。若有困难，至少应保证在紊流区。

(2)模型糙率达不到相似要求时，应选择合理方法进行糙率校正。

(3)模型表面流速宜大于 2~3 cm/s，水深不宜小于 3 cm。

在满足几何相似的前提下，动力相似是实现流动相似的必要条件，即要求模型和原型中作用在液体上的各种力都成比例。用数学式可以表达为

$$(Ne)_p = (Ne)_m \tag{2-1}$$

式中　Ne——牛顿数，$Ne=\dfrac{F}{\rho L^2 u^2}$，表示某种力与惯性力的比值，$F$ 可以是任何种类的力；

p——原型的物理量；

m——模型的物理量。

这就是实现流动动力相似的牛顿相似准则。

本水力模型试验应满足几何相似、运动相似、动力相似要求。由于水流过程是由重力和惯性力量来控制的,分析渠道水流特点、运行条件以及要求确定研究范围与研究任务,依据满足主导力相似的原则,使用弗劳德重力相似的原理来完成。根据引水渠道的基本参数,模型试验应满足水流的紊动阻力相似。

为了保证模型试验的准确可靠,按 1∶5的几何比尺在黄河水利职业技术学院水利管模型试验场制作正态断面模型,气盾坝上游布设有平稳水流前池、9.6 m 长引水渠道,采用整体模型,根据模型比尺要求以及充分利用实验室供水和试验场地等条件,实际模型设计采用的几何比尺为 $L_p/L_m=\lambda_L=5$。

为保持两个流动系统在重力作用下的相似,水流的惯性力与重力之比必须相等,即

$$Fr_p = Fr_m \tag{2-2}$$

由于原型和模型均在同一重力场中,$g_m=g_p$,试验使用水作为介质,其密度相等,$\rho_m=\rho_p$,则得到:$u_p/u_m=\lambda_u=\lambda_L^{0.5}$。

根据物理量量纲,可得到 $\lambda_Q=\lambda_L^{2.5}$,$\lambda_n=\lambda_L^{1/6}$。

根据研究范围及试验场地和供水条件,在满足《规程》条件下,设计模型比尺。

几项主要比尺见表 2-1。

表 2-1　模型主要比尺

几何比尺	流速比尺	流量比尺	糙率比尺	密度比尺
λ_L	λ_u	λ_Q	λ_n	λ_ρ
5	2.24	55.90	1.31	1.00

开度 5°度时,模型流量 720 m^3/h,水深 0.304 m,模型流速接近 0.418 m/s,弗劳德数 $Fr=\frac{v}{\sqrt{gh}}=\frac{0.418}{\sqrt{9.8\times 0.304}}=0.238$,雷诺数 $Re=\frac{vR}{\nu}=\frac{0.418\times 0.189}{0.877\times 10^{-6}}=88\ 383.6$,模型动力相似满足要求。

模型水深均超过 0.03 m,不考虑水的表面张力。

模型尺寸、弗劳德数、雷诺数、模型流速、模型水深等符合《水电水利工程常规水工模型试验规程》(DL/T 5244—2010)要求,模型比尺选择准确,模型设计合理。

3　模型布设及试验工况

3.1　模型布置

气盾坝上游布设有进水管道、电池流量计、集水箱、前池、引水渠及测流断面,气盾坝下游布设有泄水渠、水池、量水堰及退水池,模型材料采用有机玻璃制作,满足糙率相似。模型平面布置见图 2-4。

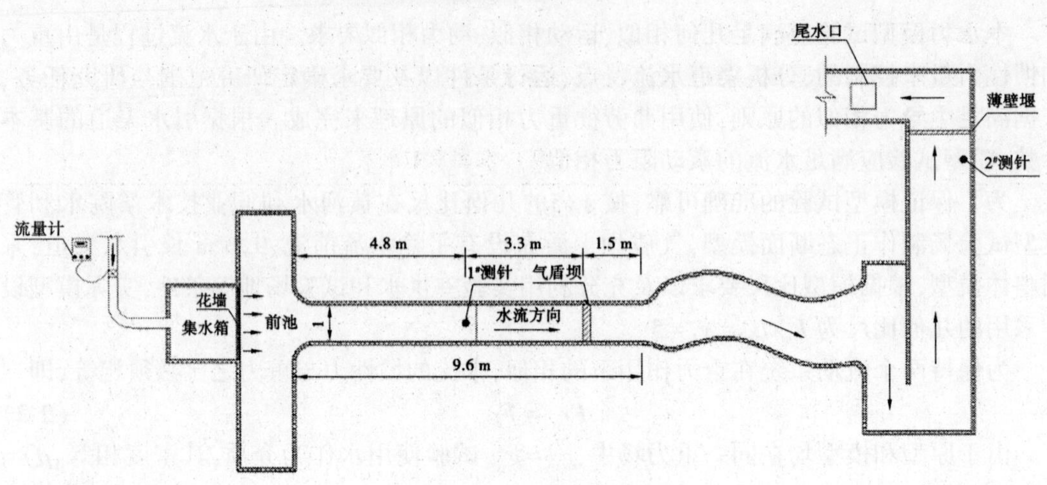

图 2-4　模型平面布置图

3.2　试验工况

试验研究了气盾在 0°、5°、10°、15°、30°、45°、55°不同开度、6 种流量泄流时流量系数，共 54 种工况（见表 2-2）。

表 2-2　试验工况

序号	$Q/(m^3/s)$	开度						
		0°	5°	10°	15°	30°	45°	55°
1	11. 180	●	●	●	●	●	●	●
2	10. 062	●	●	●	●	●	●	●
3	8. 385	●	●	●	●	●	●	●
4	6. 708	●	●	●	●	●	●	●
5	5. 590	●	●	●	●	●	●	●
6	4. 472	●	●	●	●	●	●	●
7	2. 795				●	●	●	●
8	1. 863				●	●	●	●
9	1. 242				●	●	●	●

4　模型试验

模型试验程序：模型设计制作→仪器安装调试→测针零点高程测定→确定开度→放水→电池流量计流量调整→测水位、水深及流速，同时在下游尾水渠道通过薄壁堰校核流量，根据量测流量及水头确定流量系数。不同工况下，5 m 宽气盾坝的流量系数量测计算成果见表 2-3～表 2-8。

4.1　气盾坝卧门泄流(开度 0°)

气盾坝泄流为宽顶堰流,流量增大,流量系数变化较稳,流量系数在 0.352~0.368,取平均 0.359(见表 2-3)。

表 2-3　气盾坝开度 0°流量系数测定

序号	水深/m	上游水位/m	堰高/m	总水头 H_0/m	流量 $Q/(m^3/s)$	流量系数
1	0.975	1.046	0.400	0.690	4.472	0.352
2	1.070	1.145	0.400	0.800	5.590	0.352
3	1.165	1.227	0.400	0.895	6.708	0.358
4	1.275	1.341	0.400	1.030	8.385	0.363
5	1.395	1.448	0.400	1.155	10.118	0.368
6	1.470	1.534	0.400	1.250	11.180	0.361

4.2　气盾坝开度 10°

气盾坝泄流为宽顶堰流与薄壁堰流转换状态,流量系数在 0.308~0.400,平均值为 0.382(见表 2-4)。

表 2-4　气盾坝开度 10°流量系数测定

序号	水深/m	上游水位/m	堰高/m	总水头 H_0/m	流量 $Q/(m^3/s)$	流量系数
1	1.480	1.539	0.900	0.755	4.472	0.308
2	1.560	1.636	0.900	0.735	5.590	0.400
3	1.650	1.717	0.900	0.840	6.708	0.394
4	1.765	1.844	0.900	0.975	8.385	0.394
5	1.870	1.947	0.900	1.090	10.062	0.400
6	1.955	2.013	0.900	1.165	11.180	0.400

4.3　气盾坝开度 15°

气盾坝泄流为薄壁堰流,流量系数变化较稳,流量系数在 0.357~0.455,平均值为 0.411(见表 2-5)。

表 2-5　气盾坝开度 15°流量系数测定

序号	水深/m	上游水位/m	堰高/m	总水头 H_0/m	流量 $Q/(m^3/s)$	流量系数
1	1.565	1.606	1.325	0.283	1.241	0.371
2	1.645	1.705	1.325	0.383	1.870	0.357
3	1.715	1.764	1.325	0.443	2.489	0.381
4	1.830	1.904	1.314	0.605	4.472	0.432
5	1.935	2.010	1.314	0.715	5.590	0.420
6	2.030	2.095	1.314	0.805	6.708	0.420

续表 2-5

序号	水深/m	上游水位/m	堰高/m	总水头 H_0/m	流量 Q/(m^3/s)	流量系数
7	2.155	2.178	1.314	0.885	8.385	0.455
8	2.255	2.318	1.314	1.035	10.062	0.433
9	2.320	2.384	1.314	1.110	11.180	0.433

4.4 气盾坝开度 30°

气盾坝泄流为薄壁堰流,有掺气现象,当流量增大,流量系数增大且变化较稳,流量系数在 0.511~0.543,平均值为 0.524(见表 2-6)。

表 2-6 气盾坝开度 30°流量系数测定

序号	水深/m	上游水位/m	堰高/m	总水头 H_0/m	流量 Q/(m^3/s)	流量系数
1	2.575	2.656	2.445	0.214	1.177	0.538
2	2.665	2.737	2.445	0.293	1.873	0.535
3	2.760	2.841	2.445	0.396	2.952	0.534
4	2.840	2.951	2.420	0.535	4.472	0.515
5	2.955	3.015	2.420	0.600	5.590	0.543
6	3.075	3.110	2.420	0.690	6.708	0.530
7	3.180	3.215	2.420	0.810	8.385	0.520
8	3.260	3.323	2.420	0.920	10.230	0.522
9	3.350	3.390	2.420	0.990	11.180	0.511

4.5 气盾坝开度 45°

气盾坝泄流为薄壁堰流,有掺气现象,当流量增大,流量系数进一步增大且变化较稳,流量系数基本在 0.536~0.568,平均值为 0.549(见表 2-7)。

表 2-7 气盾坝开度 45°流量系数测定

序号	水深/m	上游水位/m	堰高/m	总水头 H_0/m	流量 Q/(m^3/s)	流量系数
1	3.520	3.612	3.390	0.222	1.280	0.553
2	3.595	3.673	3.390	0.284	1.821	0.545
3	3.685	3.780	3.390	0.391	2.896	0.535
4	3.855	3.877	3.372	0.510	4.472	0.553
5	3.885	3.975	3.372	0.605	5.590	0.536
6	3.915	4.027	3.372	0.660	6.708	0.568
7	4.07	4.150	3.372	0.785	8.385	0.546
8	4.15	4.246	3.372	0.880	10.006	0.547
9	4.21	4.300	3.372	0.940	11.236	0.556

4.6　气盾坝开度 55°

气盾坝泄流为薄壁堰流，当流量增大，流量系数变化较稳，其值基本在 0.454～0.489，平均值为 0.478(见表 2-8)。

表 2-8　气盾坝开度 55°流量系数测定

序号	水深/m	上游水位/m	堰高/m	总水头 H_0/m	流量 Q/(m^3/s)	流量系数
1	4.090	4.164	3.887	0.280	1.509	0.472
2	4.145	4.226	3.900	0.327	1.877	0.454
3	4.205	4.287	3.905	0.383	2.481	0.473
4	4.215	4.302	3.887	0.417	2.857	0.479
5	4.350	4.442	3.887	0.560	4.472	0.480
6	4.445	4.531	3.887	0.645	5.590	0.486
7	4.530	4.613	3.887	0.730	6.708	0.486
8	4.650	4.729	3.887	0.850	8.385	0.482
9	4.715	4.804	3.887	0.920	9.559	0.489

第 3 节　气盾坝流量公式分析及流量系数确定

为研究气盾坝不同开度泄流时水流现象及进行过流能力计算，在水力模型试验基础上，基于水力计算理论知识进行气盾坝流量公式分析及流量系数确定。

1　流量公式分析

如图 2-5 所示，图中 H 为坝前水头，a 为坝前水深，C 为坝高，L 为坝的弦长，θ 为开度。以气盾坝坝顶水平面为基准面，坝前 1—1 渐变流过水断面和坝顶 2—2 过水断面列伯努利能量方程，令 kH^n 为坝顶 2—2 过水断面的水舌厚度，根据能量方程化简，得到 2—2 过水断面的单宽流量：

$$q = k\varphi\sqrt{1-\xi}\sqrt{2g}H^{0.5+n} \tag{2-3}$$

式中　H——坝前水头；

ξ——测压管水头修正系数；

φ——流速系数；

k——系数；

n——指数。

令系数 $\alpha = k\varphi\sqrt{1-\xi}$，指数 β=0.5+n，则式(2-3)单宽流量表达式可写为 $q = \alpha H^{\beta}$。不同开度系数 α 和指数 β 的取值，需要根据模型试验量测数据分析确定。

2　水头 H 和单宽流量 q 关系曲线

气盾坝是由若干模块化的钢闸门组合而成的，每一模块单元闸门宽度常为 5 m，立门

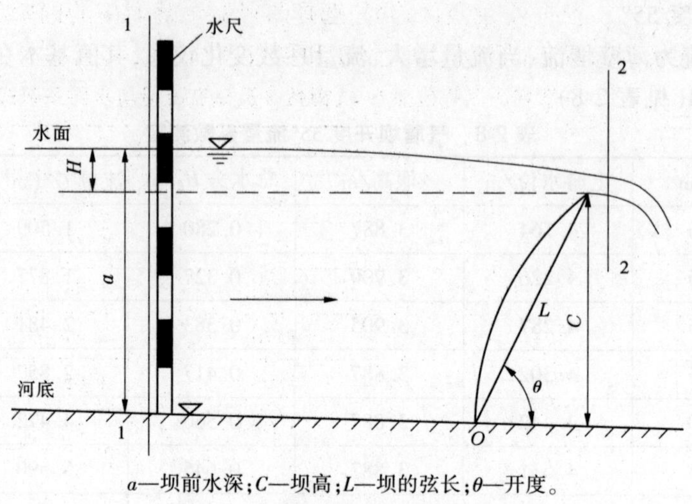

a—坝前水深；C—坝高；L—坝的弦长；θ—开度。

图 2-5　气盾坝流量公式推导简图

挡水时最大开度常为 50°或 55°，随着开度变化，坝高从 1.5 m 到 4 m 不等。在满足几何相似、运动相似、动力相似下进行气盾坝模型试验设计，取单元闸门宽度 5 m、坝高 3.5 m（开度 50°）的气盾坝，按 1∶5比尺制作水工断面模型，模拟研究河段长度为坝上游 10 m，下游 3 m。

当气盾坝立门挡水时，坝前水头常在 0.25~0.5 m，结合试验场地及量测精度，模型试验选取坝前水头 0.1~1.25 m，开度在 0°~55°，组合多种典型模型试验工况，量测各工况无侧收缩气盾坝的水头 H 和流量 Q，并绘制水头 H 和单宽流量 q 关系曲线（见图 2-6）。

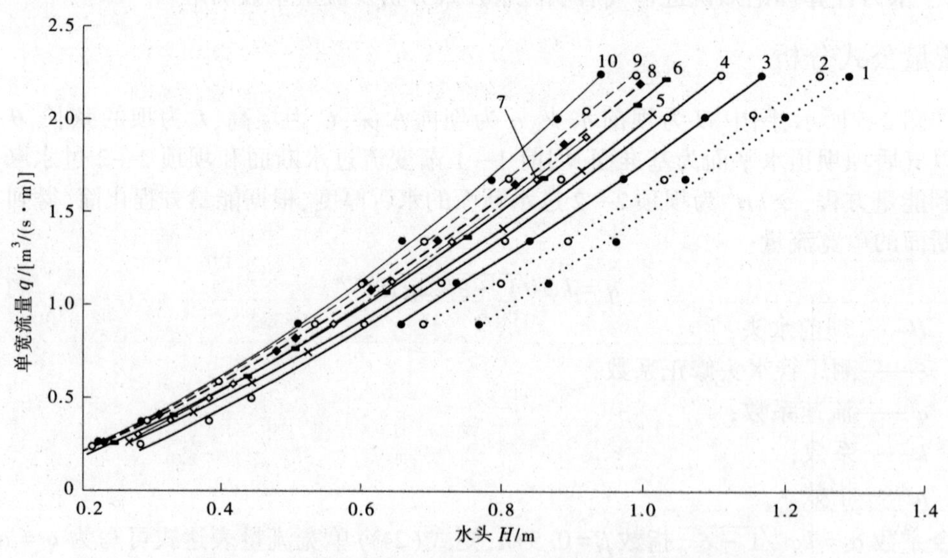

图 2-6　不同开度下堰上水头 H 与单宽流量 q 关系曲线

3　确定不同开度流量公式

图 2-6 中 1~10 分别对应开度 5°、0°、10°、15°、20°、25°、30°、45°、50°、55°的水头 H 与

单宽流量 q 关系曲线。根据曲线变化趋势，选择幂函数形式对应的回归公式，确定单宽流量与水头关系式及气盾坝不同开度下系数 α 和指数 β，如表 2-9 所示。

表 2-9　气盾坝不同开度系数 α、指数 β 及单宽流量与水头关系式

序号	开度	系数与指数		试验公式
		α	β	
1	0°	1.6	1.56	$q=1.60H^{1.56}$
2	5°	1.45	1.79	$q=1.45H^{1.79}$
3	10°	1.76	1.57	$q=1.76H^{1.57}$
4	15°	1.94	1.65	$q=1.94H^{1.65}$
5	20°	1.99	1.54	$q=1.99H^{1.54}$
6	25°	2.15	1.55	$q=2.15H^{1.55}$
7	30°	2.3	1.48	$q=2.30H^{1.48}$
8	45°	2.44	1.51	$q=2.44H^{1.51}$
9	50°	2.21	1.48	$q=2.21H^{1.48}$
10	55°	2.19	1.55	$q=2.19H^{1.55}$

4　气盾坝流量系数确定

根据无侧收缩自由出流堰流单宽流量公式 $q=m\sqrt{2g}H^{3/2}$ 和单宽流量与坝前水头关系式 $q=\alpha H^{\beta}$，得出流量系数 m 的表达式，确定气盾坝不同开度、水头(0.1~1.25 m)时流量系数的变化，不同开度对应的流量系数的最大值、最小值和均值如表 2-10 所示。

表 2-10　气盾坝不同开度对应的流量系数的最大值、最小值和均值

序号	开度	流量系数		
		最大值	均值	最小值
1	0°	0.368	0.359	0.352
2	5°	0.347	0.329	0.301
3	10°	0.400	0.382	0.308
4	15°	0.455	0.411	0.357
5	20°	0.449	0.441	0.420
6	25°	0.481	0.471	0.423
7	30°	0.543	0.524	0.511
8	35°	0.536	0.531	0.524
9	40°	0.544	0.537	0.528
10	45°	0.568	0.549	0.536
11	50°	0.519	0.506	0.499
12	55°	0.489	0.478	0.454

由表 2-10 可以看出：

(1)气盾坝流量系数与开度、水头、流量相关，尤其开度对流量系数影响较大。整体来说，开度越大流量系数越大，开度 45°时流量系数最大；开度大于 45°，坝迎水面坡度陡，阻水作用加大，不利于重力作用泄流，使流量系数减小。

(2)开度小于 10°，流量系数与宽顶堰流量系数接近；开度为 10°~15°时，为宽顶堰流水流现象向实用堰转化临界状态，流量系数变化范围较大，堰型不稳；开度大于 15°后流量系数与实用堰流量系数接近。

5　气盾坝不同开度堰型分析

为进一步分析不同开度气盾坝泄流对应的堰型，选取典型开度，根据模型试验中不同开度对应的坝高、水头，按照表 2-9 中公式计算单宽流量，并分别根据宽顶堰流、薄壁堰流、驼峰实用堰流、克奥实用堰流、WES 实用堰流的流量系数公式计算流量系数，代入堰流流量基本公式计算流量。其计算结果与同条件下模型试验量测流量进行对比，得出不同开度按不同堰型计算流量的误差情况[见表 2-11 第(2)~(7)列]。

表 2-11　不同堰型流量计算结果误差比较　%

开度	$q = \alpha H^{\beta}$	宽顶堰	薄壁堰	驼峰实用堰	克奥实用堰	WES 实用堰	对应堰型
(1)	(2)	(3)	(4)	(5)	(6)	(7)	(8)
50°	1.0	31.0	21.0	20.0	-5.0	-3.0	WES 实用堰
	0.0	30.0	19.0	16.0	-3.0	-1.0	
	1.0	29.0	18.0	15.0	-3.0	0.0	
	1.0	28.0	17.0	14.0	-2.0	0.0	
	1.0	27.0	15.0	12.0	-1.0	1.0	
30°	-0.2	-33.8	-23.4	-22.1	-8.7	-6.5	
	-1.1	-33.3	-22.7	-20.3	-8.4	-6.1	
	-1.8	-34.0	-23.1	-20.4	-9.8	-7.6	
	0.4	-30.7	-18.7	-16.0	-5.7	-3.3	
	1.3	-29.5	-16.9	-14.3	-4.4	-2.0	
25°	-2.9	-23.5	-11.4	-9.4	5.4	8.0	克奥实用堰
	-2.4	-24.4	-12.2	-9.2	3.6	6.2	
	-1.8	-24.3	-11.6	-8.6	3.2	5.8	
	-2.3	-24.7	-11.4	-8.5	2.3	4.8	
	-1.7	-24.1	-10.3	-7.6	2.9	5.4	

续表 2-11

开度	$q=\alpha H^{\beta}$	宽顶堰	薄壁堰	驼峰实用堰	克奥实用堰	WES 实用堰	对应堰型
20°	0.9	−15.1	−1.4	1.4	16.6	19.5	驼峰实用堰
	−2.6	−18.6	−5.0	−1.8	11.2	13.9	
	−2.5	−18.4	−3.8	−0.8	10.8	13.5	
	−3.8	−18.9	−3.4	−1.0	9.6	12.3	
	−4.4	−19.0	−3.0	−1.0	9.2	11.9	
15°	−0.3	−3.8	12.0	15.5	31.5	34.8	堰型过渡
	−0.1	−5.5	10.8	14.4	28.4	31.6	
	0.6	−15.7	−0.1	2.7	14.1	16.9	
	0.0	−19.9	−3.2	−1.9	7.7	10.3	
	0.3	−15.3	3.3	3.9	13.5	16.2	
0°	0.2	5.4	40.8	30.4	39.0	42.4	宽顶堰
	1.0	5.6	44.7	30.9	38.8	42.2	
	0.3	4.4	46.2	29.5	36.9	40.2	
	−0.1	3.3	49.3	28.5	35.2	38.5	
	−1.0	1.9	51.5	26.9	33.0	36.3	

由表 2-11 可以看出,同一开度用各种堰流流量系数计算流量与实测泄流量差异各不相同:

(1)气盾坝各种开度下,得出的流量试验公式 $q=\alpha H^{\beta}$ 与模型试验实测流量误差基本都在 1%左右,均小于 5%,试验公式计算精度满足工程精度要求;开度不变时,用不同堰流计算的流量与模型试验实测流量误差不超过 10%,确定此开度泄流对应的堰型,除 15°为堰型过渡状态外,其他开度泄流气盾坝对应的堰型见表 2-11。

(2)气盾坝在泄流过程中,由于开度变化,堰型随之动态变化。可以看出,气盾坝从卧门泄水到立门挡水,随着开度的增大、流量系数的变化,其堰型由宽顶堰到驼峰实用堰、克奥实用堰,再到 WES 实用堰、克奥实用堰变化。

6　案例计算

6.1　无侧向收缩情况

6.1.1　案例选取与流量计算

K 市景观河建有气盾坝,坝顶过水宽度 12 m,自由出流,无侧向收缩,立坝泄流开度 50°时坝高 2.5 m,利用表 2-9 中的流量公式,由水头即可计算气盾坝立坝泄流量,计算结果见表 2-12。

表 2-12　试验公式计算流量　　单位:m^3/s

开度	水头 H				
	0.1 m	0.2 m	0.3 m	0.4 m	0.5 m
50°	0.88	2.45	4.46	6.83	9.51
30°	0.91	2.55	4.65	7.11	9.89
20°	0.69	2.00	3.74	5.82	8.21

6.1.2　计算结果比较

K 市景观河气盾坝开度 50°、水头 0.1 m 和 0.2 m 时,利用一点法测流速计算流量,分别为 0.95 m^3/s、2.5 m^3/s,与表 2-12 计算流量比较,误差都小于 10%,表 2-9 中流量试验公式便捷、准确。

6.2　有侧向收缩流量计算

6.2.1　案例选取与计算

某河规划设计修建气动盾形闸坝,闸坝上游河宽 156 m,共 3 孔过水,单孔净宽 49 m,一单元盾板弦长 4.014 m,正常运行时闸坝高 3.4 m,闸墩厚度 3 m,墩头迎水面为圆弧形,底板高程 3 638.10 m,正常蓄水位 3 641.60 m,最大蓄水位 3 642.00 m,卧门泄水上游水位 3 641.2 m,下游水位 3 641.2 m。气盾坝的运行方式为:在汛期卧门泄流,枯期立门蓄水,计算不同运行方式的泄流量,为防洪及景观设计提供基础参数。

气盾坝立坝溢流时,根据堰流公式 $Q=\sigma_s \varepsilon mnb\sqrt{2g}H_0^{\frac{3}{2}}$,$\sigma_s$ 为淹没系数,立坝泄流时为自由出流;ε 为侧收缩系数,按照表 2-11 中不同开度接近的堰型,开度 15°以上用实用堰侧收缩系数公式计算,开度 15°以下用宽顶堰侧收缩系数公式计算;m 为流量系数,近似取表 2-10 中不同开度对应流量系数平均值计算;H_0 为计入行近流速水头的坝前总水头。根据坝顶溢流常见水深及开启度进行计算,计算结果见表 2-13。

表 2-13　气盾坝立坝泄流量计算

盾板开启情况			盾板上水头			
			0.1 m	0.3 m	0.4 m	0.5 m
开度	坝高/m	流量系数	流量/(m^3/s)			
50°	3.29	0.506	10.42	54.25	83.68	117.22
45°	2.84	0.549	11.30	58.92	90.96	127.52
30°	2.01	0.524	10.79	56.40	87.22	122.51

气盾坝卧门泄流时,按照无坎宽顶堰型计算过流能力,侧收缩系数、淹没系数按照《水力计算手册》无坎宽顶堰相关公式方法确定。流量系数取表 2-10 中流量系数平均值计算,流量计算结果为 563.64 m^3/s。

6.2.2　计算结果比较

根据该河段水文资料,当开度 50°、立坝溢流水深 0.1 m 和 0.5 m 时,用曼宁公式推算下游河道控制大断面流量分别为 10.81 m^3/s、114.58 m^3/s，与表 2-13 中对应情况下流量计算结果相比，误差均小于 5%；闸门全开卧门泄流时，河道流量为 618 m^3/s，与按照无坎宽顶堰型计算结果比较，误差小于 10%。模型试验得出不同开度的流量系数及堰型结果可靠，可进行气盾坝规划设计阶段流量的计算。

基于模型试验数据分析及水力计算，结合工程计算，气盾坝过流能力计算可以得出如下结论：

(1)气盾坝不同开度泄流对应的堰型不同，卧门泄水时可按宽顶堰流公式计算流量，立门挡水时可用 WES 实用堰流公式计算流量，而目前立门挡水时按薄壁堰流公式计算流量是不准确的。

(2)无侧向收缩时，研究得出的不同开度气盾坝流量计算公式，考虑了堰型动态变化，公式计算方便快捷、计算结果可靠，可为工程运行阶段计算流量；有侧向收缩时，可按不同开度对应堰型确定流量系数、侧收缩系数及淹没系数，从而计算流量，计算结果准确，计算结果可作为工程规划阶段设计流量参考。

第 4 节　典型水利工程流量计算

根据水力模型试验量测及数据分析结果，基于水力计算原理，分析研究气盾坝不同开度水流现象、流量系数及流量计算方法。在此基础上，利用研究理论进行某河 1#~4#坝水力计算。

1　工程基本情况

1#~4#坝布设基本参数如下：

1#闸闸轴线总长 156 m，共 3 孔过水，单孔净宽 49 m，盾板弦长 4.014 m，正常运行时闸高 3.4 m，闸墩厚度 3 m，墩头迎水面为圆弧形，正常蓄水高度 3.50 m，最大蓄水高度 3.90 m。底板高程 3 638.10 m，正常蓄水高程 3 641.60 m，最大蓄水高程 3 642.00 m。

2#闸闸轴线总长 162.00 m，共 3 孔过水，单孔净宽 49 m，盾板弦长 5.356 m，正常运行时闸高 4.25 m，闸墩厚度 3 m，墩头迎水面为圆弧形，正常蓄水高度 4.35 m，最大蓄水高度 4.75 m。底板高程 3 641.25 m，正常蓄水高程 3 645.60 m，最大蓄水高程 3 646.00 m。

3#闸闸轴线总长 200.00 m，共 4 孔过水，单孔净宽 47 m，盾板弦长 5.222 m，正常运行时闸高 4.15 m，闸墩厚度 3 m，墩头迎水面为圆弧形，正常蓄水高度 4.25 m，最大蓄水高度 4.65 m。底板高程 3 645.25 m，正常蓄水高程 3 649.50 m，最大蓄水高程 3 649.90 m。

4#闸闸轴线总长 200.00 m，共 4 孔过水，单孔净宽 47 m，盾板弦长 5.510 m，正常运行时闸高 4.35 m，闸墩厚度 3 m，墩头迎水面为圆弧形，正常蓄水高度 4.45 m，最大蓄水高度 4.85 m。底板高程 3 649.20 m，正常蓄水高程 3 653.65 m，最大蓄水高程 3 654.05 m。

2　蓄水闸泄流能力计算

2.1　计算工况

气盾坝的运行方式为：在汛期卧门泄流，枯期立门蓄水。

气盾坝立门挡水时,按气盾坝坝顶溢流水深 0.05 m、0.1 m、0.3 m、0.4 m、0.5 m,气盾坝开度为 55°、45°、30°、15°共计 20 种工况计算气盾坝的过流能力。

气盾坝开度为 10°及完全塌坝后,按照宽顶堰计算气盾坝过流能力。

2.2 计算公式

当气盾坝立坝挡水时,按模型试验测定的流量系数用堰流公式进行计算:

$$\left.\begin{aligned} Q &= \sigma_s \varepsilon mnb\sqrt{2g}H_0^{\frac{3}{2}} \\ \varepsilon &= 1 - 2[K_a + (n-1)K_p]\frac{H_0}{nb} \end{aligned}\right\} \tag{2-4}$$

式中 σ_s——淹没系数;

ε——侧收缩系数;

m——流量系数;

n——闸孔数目;

b——两墩间净宽,m;

H_0——计入行近流速水头的堰上总水头,m, $H_0 = H + \frac{v^2}{2g}$;

K_a——边墩形状系数,取 0.1;

K_p——闸墩形状系数,取 0.01。

当气盾坝开启角度为 10°时,按模型试验测定的流量系数用有坎宽顶堰公式进行计算。

当卧门泄流时,按无坎宽顶堰公式进行计算:

$$\left.\begin{aligned} Q &= \sigma_s \varepsilon mnb\sqrt{2g}H_0^{\frac{3}{2}} \\ m &= 0.36 + 0.01\frac{3 - \frac{P}{H}}{1.2 + 1.5\frac{P}{H}} \\ \varepsilon &= 1 - \frac{\alpha}{\sqrt[3]{0.2 + \frac{P}{H}}}\sqrt[4]{\frac{b}{B}}\left(1 - \frac{b}{B}\right) \end{aligned}\right\} \tag{2-5}$$

式中 σ_s——淹没系数;

ε——侧收缩系数;

m——流量系数;

n——闸孔数目;

b——两墩间净宽,m;

H——堰上水头,m;

H_0——计入行近流速水头的堰上总水头,m, $H_0 = H + \frac{v^2}{2g}$;

P——上游堰高,m;

α——反映墩头形状对侧收缩系数影响的系数,取 0.1;

B——上游引水渠宽度,m,中孔 $B=b+d$,d 为闸墩厚度,边孔 $B=b+2\Delta$,Δ 为边墩边缘与堰上游同侧渠道水边线间的距离。

3　气盾坝泄水能力计算成果

气盾坝泄水能力计算成果见表 2-14~表 2-19。

表 2-14　1#气盾坝立坝泄流量计算成果

(盾板弦长 $L=4.014$ m,单孔净宽 $b=49$ m,共计 3 孔)

盾板开启情况			盾板上水头				
			0.05 m	0.1 m	0.3 m	0.4 m	0.5 m
开度	坝高/m	流量系数	流量/(m^3/s)				
55°	3.29	0.478	3.48	9.84	51.21	78.97	110.56
45°	2.84	0.549	3.99	11.30	58.92	90.96	127.52
30°	2.01	0.524	3.81	10.79	56.40	87.22	122.51
15°	1.04	0.411	2.99	8.47	44.50	69.00	97.17

表 2-15　2#气盾坝立坝泄流量计算成果

(盾板弦长 $L=5.356$ m,单孔净宽 $b=49$ m,共计 3 孔)

盾板开启情况			盾板上水头				
			0.05 m	0.1 m	0.3 m	0.4 m	0.5 m
开度	坝高/m	流量系数	流量/(m^3/s)				
55°	4.39	0.478	3.48	9.84	51.16	78.84	110.29
45°	3.79	0.549	3.99	11.30	58.82	90.70	127.00
30°	2.68	0.524	3.81	10.79	56.24	86.82	121.72
15°	1.39	0.411	2.99	8.47	44.29	68.51	96.24

表 2-16　3#气盾坝立坝泄流量计算成果

(盾板弦长 $L=5.222$ m,单孔净宽 $b=47$ m,共计 4 孔)

盾板开启情况			盾板上水头				
			0.05 m	0.1 m	0.3 m	0.4 m	0.5 m
开度	坝高/m	流量系数	流量/(m^3/s)				
55°	4.28	0.478	4.45	12.58	65.44	100.85	141.09
45°	3.69	0.549	5.11	14.45	75.24	116.04	162.49
30°	2.61	0.524	4.88	13.80	71.95	111.09	155.76
15	1.35	0.411	3.83	10.83	56.66	87.67	123.18

表 2-17　4#气盾坝立坝泄流量计算成果

（盾板弦长 L=5.510 m，单孔净宽 b=47 m，共计 4 孔）

盾板开启情况			盾板上水头				
			0.05 m	0.1 m	0.3 m	0.4 m	0.5 m
开度	坝高/m	流量系数	流量/(m^3/s)				
55°	4.51	0.478	4.45	12.58	65.43	100.82	141.04
45°	3.90	0.549	5.11	14.45	75.23	115.99	162.40
30°	2.76	0.524	4.88	13.80	71.92	111.01	155.62
15°	1.43	0.411	3.83	10.83	56.62	87.57	123.00

表 2-18　气盾坝盾板开度 10°时的泄流量计算成果　　单位：m^3/s

（闸墩厚度 d=3 m，Δ=1.5 m，按有坎宽顶堰公式计算）

项目	高/m	流量系数	盾板上水头/m				
			0.05	0.1	0.3	0.4	0.5
1#气盾坝	0.70	0.382	3.93	11.11	57.60	88.61	123.76
2#气盾坝	0.93	0.382	3.94	11.12	57.64	88.68	123.86
3#气盾坝	0.91	0.382	5.03	14.22	73.69	113.36	158.33
4#气盾坝	0.96	0.382	5.03	14.22	73.70	113.38	158.36

表 2-19　气盾坝卧门泄水能力计算成果

（闸墩厚度 d=3 m，Δ=1.5 m，按无坎宽顶堰公式计算）

项目	水深/m	流量系数	侧收缩系数	淹没系数	流量/(m^3/s)
1#气盾坝	3.10	0.385	0.992	0.4	562.18
2#气盾坝	3.51	0.385	0.992	0.4	677.32
3#气盾坝	1.44	0.385	0.991	0.98	746.24
4#气盾坝	1.39	0.385	0.991	0.96	679.59

根据生态景观气盾坝试验研究成果，确定了不同开度流量系数，解决了用气盾坝流量计算流量系数随意确定、不准确问题，保证了工程设计规划阶段计算成果的准确性、可靠性；确定了堰上水头与单宽流量的曲线和关系式，在工程运行阶段，对管理人员要求低，方便易行，通过关系式即可确定对应开度泄流量，通过曲线即可查询任意开度泄流量，方便管理部门对坝群进行联合调度、有效管理、科学决策，避免水资源浪费和洪水灾害发生，还能保证坝健康安全运行，且为持续不断提升城市景观增光添彩。

第 3 章　基于水流特性的生态灌区水利工程消能研究

第 1 节　问题提出

灌区作为人类经济活动的产物,会随着社会经济的发展而不断演进。它是指具备可靠水源,以及引、输、配水渠道系统和相应排水沟道的灌溉区域。从生态角度来看,灌区是一个半人工的生态系统,既依赖自然环境赋予的光、热、土壤资源,又通过人为选定作物种类、规划种植比例等调控手段,构成了一个具有显著社会属性的开放式生态系统。

依据我国水利行业现行标准,灌区按照控制面积大小可分为 3 类:控制面积在 20 000 hm^2 以上的被划定为大型灌区;控制面积处于 667~20 000 hm^2 区间的为中型灌区;而控制面积小于 667 hm^2 的则属于小型灌区。就当前实际情况而言,我国拥有大型灌区 452 处,中型灌区 7 100 余处,小型灌区数量众多,已达千万量级。

灌区配套工程在农业发展中占据着举足轻重的地位,堪称农业的命脉以及国民经济的根基。其建设质量的优劣,不仅对国家粮食安全生产有着直接影响,还与国家经济发展、人民生活水平提升紧密相关,同时也关乎农业和农村经济的可持续发展进程,以及社会主义新农村建设的成效。作为灌区工程的关键构成部分,像水闸、涵洞、渡槽、倒虹吸、泵站等渠系建筑物,它们的运行状态不仅决定了水资源能否得到高效利用,更是直接关系到农业、工业以及人民生活用水的供应保障问题。

1　我国灌溉悠久发展历史

在华夏大地这片广袤的土地上,农业文明自远古时期就已萌芽并不断繁荣发展。数千年来,先辈们通过种植谷物、饲养家畜、发展农桑等方式,积极积累农业实践经验与科学技术知识,逐步构建起庞大的农业水利知识体系。

考古发现,早在约 9 000 年前,中国就已开始种植稻谷等农作物,河姆渡文化也因此孕育而生。这些早期的农业实践,堪称农业领域的奠基之举,共同铸就了中华民族灿烂辉煌的五千年农耕文明。

水利在农业文明发展进程中始终占据核心地位。约 6 000 年前的大禹治水传说,便提及了“尽力乎沟洫”“陂漳九泽”“丰殖九薮”等农田水利相关内容。商周时期,黄河流域的关中地区兴建了诸多中小型水利工程,如沟洫渠道与井田制等。公元前 256 年,秦国蜀郡太守李冰主持修建都江堰,成都平原自此成为“沃野千里、水旱从人”的“天府之国”。同一时期,郑国渠、芍陂、引漳十二渠等大型引水灌溉工程也相继建成。这些古老水利工程充分体现了我国“天人合一”的自然哲学思想,实现了自然生态与人工生态的和谐统一。它们不仅极大地推动了当时社会的进步,更为中华民族的繁衍昌盛、发展壮大奠定了坚实基础。在现代,随着科技的不断进步,我国灌溉技术持续革新,古老的灌溉智慧与现代科技相结合,继续为农业发展和国家繁荣贡献力量。

2　发展灌区是解决“温饱”问题的根本

我国自然地理条件特殊,水旱灾害频发,且影响范围广、危害大。中华民族的发展历程,既是一部与自然灾害顽强抗争的历史,又是一部水利事业不断发展的历史。水利工程凝聚着广大劳动人民的智慧与汗水,为华夏文明的繁荣立下汗马功劳。

回首往昔,我国多次遭受“赤地千里,哀鸿遍野”的严重灾难。几千年来,人口压力虽推动传统农业一度领先,但灌溉系统发展滞后,致使民众长期饱受饥寒之苦,“温饱”成为奢望。到了近代,帝国主义侵略、战乱频繁以及灾害多发,让传统农业濒临崩溃,灌溉系统也破败不堪,人口增长与粮食短缺的矛盾愈发尖锐,民族生存危机空前严峻,这也成为我国革命最深刻的社会背景,“打土豪、分田地”成为农民投身革命的初心与目标。发展灌区,改善灌溉条件,是解决粮食生产问题的关键,是实现“温饱”的根本途径,对保障民生、推动社会发展意义重大。

3　新中国灌排事业蓬勃发展

中华人民共和国成立之初,百废待兴,党和政府高度重视农田水利,将其恢复与建设视为国民经济恢复的关键环节。这一时期,通过设立专门机构、提出农田水利建设基本方针,广泛发动和组织群众力量,大力整治原有的灌溉排水工程,并广泛开展以小型水利为主的群众性农田水利建设。短短几年间,2 000 万人投身水利工程建设,各地兴修、整修小型塘坝 600 多万处,打井 80 余万眼,恢复、修建较大灌排工程 280 多处,完成土石方 17 亿 m^3,灌溉面积大幅拓展。

随着国家经济建设稳步推进,农田水利建设迎来“大干快上”阶段。结合淮河、海河等流域治理,大量大型水利水电工程与农田灌溉网络相继建成,奠定了我国农田水利设施的坚实基础。“农业学大寨”的号召,更是推动了农田基本建设的综合治理,以打造旱涝保收高产稳产农田为核心,配套土地平整及田、渠、路、林综合配置,灌溉面积显著增加。

受社会环境影响,农田建设虽一度受挫,但后期逐步恢复并掀起新的建设热潮。通过整顿、巩固、续建、配套等举措,农田水利建设重回正轨,灌溉面积持续增长。改革开放前夕,广大农民群众自力更生,建成淠史杭灌区、景电灌区等一大批大型灌区,为农业生产筑牢根基。

改革开放后,我国灌排设施建设实现跨越式发展。截至 2023 年,农田灌溉面积达 10.37 亿亩,除涝面积 4.06 亿亩。全国水库数量约 10.5 万座,库容 9 560 亿 m^3;塘坝 470 万处,容积 320 亿 m^3;机电井约 550 万眼,固定灌排泵站 46 万处。这些设施极大提升了农田灌排能力,为农业稳产高产提供有力支撑。

节水灌溉技术的进步是灌排事业蓬勃发展的重要体现。自 20 世纪 80 年代起,喷灌、滴灌、管道输水灌溉和渠道防渗等节水技术广泛应用。进入 21 世纪,国家将节水灌溉作为农业可持续发展的重要战略,大力推广高效节水灌溉技术。截至 2023 年,全国节水灌溉面积达 5.4 亿亩,其中高效节水灌溉 3.8 亿亩,灌溉水有效利用系数提升至 0.572。

在投资方面,灌排事业从以群众自筹为主转变为以国家财政投入为主。随着农田水利新机制的建立与实施,国家加大对灌排工程建设的投入,推动众多项目落地。同时,管理体制从农民集体管理为主转变为国家事业单位管理为主,保障了灌排工程的良性运行。

中华人民共和国成立以来,我国灌排事业在农田水利基本建设与灌排设施兴建上成就斐然。这不仅增强了农田灌排能力,也为农业可持续发展和国家粮食安全作出重要贡献。未来,随着科技进步和政策支持,我国灌排事业必将持续蓬勃发展,为农业现代化和乡村振兴增添新动力。

4　灌区对自然生态系统的影响

灌区作为人工与自然生态系统融合的典范,呈现出绿林沃野、气候宜人的景象。合理规划的沟渠路林,搭配平畦沃野、绿树成荫的景观,其林木覆盖率超 20%,植被覆盖率达 80%以上,在调节区域生态方面作用显著。

在气候调节与防灾减灾上,灌区贡献突出。气象部门观测显示,灌区林网的形成,使得平均风速降低 15%~35%,年大风天数减少 7~15 d。区域气温下降 0.2~0.6 ℃,绝对湿度增加 0.3~0.5 g/m^3,初霜期推迟 3~4 d,年冰雹天数呈减少趋势。以河南人民胜利渠为例,相比非灌区,风速降低 30%~40%,年大风天数减少 5 d,无霜期延长 8 d,空气湿度提高 20%,年蒸发量减少 18%,最高气温下降,最低气温上升,干热风、冰雹等灾害明显减少。

灌区的渠沟纵横布局,对土壤改良意义重大。依据山、水、林、田、路统一规划,实施旱、涝、碱、渍、沙综合治理工程。科学布局蓄水和输配水工程,高效配置利用水资源,在开发水土资源时,及时补充土壤水分,满足作物和植被生长。针对盐碱地和渍害低产田,采用淋洗与排水结合的方式,有效降低地下水位,消除盐碱危害。如河南、山东的引黄灌区,引黄河水淤背加固大堤,放淤改土填平坑洼,昔日盐碱洼地变成肥沃农田。

从生物多样性角度来看,灌区开发后,水环境大幅改善,推动了生态系统从单一作物向农、林、牧、渔综合发展的转变。蓄水工程形成的广阔水面,富含矿物质营养,为浮游动物、底栖动物和水生昆虫繁衍创造条件,也利于鱼类生存繁殖,如推广稻田养鱼、养虾、养蟹等模式,通过渠道和人工手段促进水生生物迁移繁殖。辽宁大洼灌区、河北滦河下游灌区,就因水环境改善,区域气候和湿度更适宜动植物生长繁殖,曾经的盐碱滩如今植被繁茂,吸引了丹顶鹤、白天鹅、苍鹭等 80 多种禽鸟栖息。

2010 年,中央一号文件中明确指出要大力推进大中型灌区续建配套设施,启动加强水闸等泄水建筑物除险加固,加快灌区排泵站更新改造。2011 年,中央水利工作会议上强调加快水利改革发展,是事关我国社会主义现代化建设全局和中华民族长远发展重大而紧迫的战略任务,为此应科学兴修水利,让灌区水利工程发挥持久的效益。这说明传统工程水利在目前阶段仍需完善理论,使其进一步发挥积极作用。

2011 年,中央一号文件还系统地阐述了水利改革发展的指导思想、目标任务和基本原则,科学地界定新形势下水利具有的公益性、基础性、战略性,并提出了水是生命之源、生产之要、生态之基,水利是现代农业建设不可或缺的首要条件,是经济社会发展不可替代的基础支撑,是生态环境改善不可分割的保障系统。这是第一次在我们党的重要文件中将水利提升到关系经济安全、生态安全、国家安全的战略高度，第一次全面深刻地阐述水利在现代农业建设、经济社会发展和生态环境改善中的重要地位。这说明生态水利的时代已经到来，作为环境保护与生态修复的理论基础，生态水力学研究逐步受到关注并将得到快速发展。灌区要建成以农业生产和人居环境质量为导向，以农业生物为主的各种生物成分和非生物成分组成的“人工—自然—社会”复合生态灌区。

5 灌区存在的主要问题

我国农田灌溉体系以中小型灌区为主体，虽然大型灌区有中央和省级财政重点保障，但承担全国65%以上灌溉任务的中型灌区（设计灌溉面积1万~30万亩）和分散的小型灌区长期面临投入不足。水利部2023年数据显示，全国现有中型灌区7 000余处、小型灌区15.8万处，合计有效灌溉面积达5.2亿亩，占全国总灌溉面积的78%。这些灌区普遍存在以下短板：

（1）建设标准偏低，运行管理不当，骨干工程老化率超40%，渠系建筑物损毁率超30%，实际灌溉面积仅为设计能力的65%~70%；灌区渠系建筑物不同程度出现老化病害现象，不能保证灌区水利工程正常安全运行，不能发挥持久作用，这些工程急需在新形势水利下进行改建新建。

（2）管护机制缺失，76%的灌区尚未建立农业水价综合改革机制，农民用水合作组织覆盖率不足45%，“重使用轻维护”导致年均渠道垮塌事故超1.2万起，因灌溉设施损坏造成的粮食减产约120亿斤[1]/年。当前中小灌区灌溉水利用系数仅0.53，低于全国农业平均水平0.572，工程性缺水与资源性缺水叠加制约粮食产能提升。

（3）我国前阶段水利建设偏重大型水利工程研究开发建设，但针对灌区基础水利水流特点，在保证建筑物安全运行下，如何进行建筑物型式尺寸设计布置、如何进行泄水建筑物下游有效消能等问题研究较少。

（4）目前，对于大型水利工程，针对涵洞、泵站进水口水面漩涡如何消除等问题的研究较少，对于基础水利工程的研究更少，理论更不完善，更需要进一步研究。

（5）生态水利建设在我国刚起步，在我国传统水利还不完善发达的灌区，生态水利建设更不被重视，更需要加强开发。

针对目前灌区水利工程现状及亟待解决问题，灌区工程亟须在新形势水利下进行改建新建，一方面科学兴修传统水利工程，让灌区水利工程发挥持久的效益，另一方面水利工程建设时处理好人与自然的关系，正确权衡社会经济需求与生态系统健康、水环境健康需求之间关系，改变水利工程建设目标仅为开发利用水资源这种单一目标，强调水利工程在满足人类社会需求的同时，应兼顾水域生态系统的健康和可持续性。

基于水流特性的生态灌区水利工程安全运行技术应用研究，也就是以灌区水利工程为中心，对工程（传统）水力学和生态水力学进行研究应用，主要解决的关键问题是兼顾生态建设同时，进行灌区水流特点分析，科学规划设计灌区建筑物，提出消能措施、生态修复措施，保证建筑物安全持久运行，促进人与自然和谐相处。

---

[1] 1斤=500 g，全书同。

第 2 节　低水头泄水建筑物下游消能结构形式试验研究

灌区泄水建筑物水头低,建筑物下游消能方式常采用底流式消能,即用水跃消能。灌区泄水建筑物下游往往形成弗汝德数 $Fr<4.5$ 的低弗汝德数水跃,低弗汝德数水跃消能的显著特点是来流的泄水功率高而水跃消能率低,弗汝德数在 2~5 时,消能率不到 50%,这样将造成跃后水流强烈的紊动和波动,给下游消能防冲带来巨大的困难。低水头、低弗汝德数泄水建筑物下游水跃摆动大、消能率低,选取合理的水跃长度公式及有效的消能防冲结构是灌区泄水建筑物下游消能亟待解决的问题,本节在前人研究的基础上通过模型试验、理论分析等方法对低水头水跃特性及对应有效的消能结构进行研究。

1　低水头低弗汝德数泄水建筑物下游水跃研究

1.1　低弗汝德数水跃的水力特性

水跃的水力特性包括水跃的长度、共轭水深比、水跃表面形状等,它们是消能池设计的重要参数,这些参数均随弗汝德数的变化而变化。

1.1.1　水跃的共轭水深比

按水力学中水跃方程的推导方法,计入各种因素的影响,平底矩形水槽二元自由水跃的共轭水深比的一般通式为

$$\left(\frac{h_2}{h_1}\right)^3 + [\varepsilon - 1 - 2(\beta_1 + 2T_2 - 2T_1)Fr_1^2]\left(\frac{h_2}{h_1}\right) + 2\beta_2 Fr_1^2 = 0 \tag{3-1a}$$

$$\left(\frac{h_2}{h_1}\right)^3 + [\varepsilon - 1 - 2(\beta_1 - 2T_2 + 2T_1)Fr_1^2]\left(\frac{h_2}{h_1}\right) + 2\beta_2 Fr_1^2 = 0 \tag{3-1b}$$

其中,ε 为无量纲摩阻力。

$$\varepsilon = P_f / \left(\frac{1}{2}\gamma h_1^2\right) = 0.006\,4 Fr_1^{3.18} \tag{3-2}$$

式中　h_2、h_1——跃后水深、跃前水深;

P_f——水跃内底部的摩阻力;

Fr_1——跃前断面的弗劳德数,$Fr_1 = u_1/\sqrt{gh_1}$;

β_1、β_2——跃前、跃后断面的动量修正系数,建议取 $\beta_1 = 1.04$,$\beta_2 = 1.03$;

T_1、T_2——跃前、跃后断面的紊动强度,建议取 $T_1 = 0$,$T_2 = 0.05$。

式(3-1a)和式(3-1b)为计入水跃段底部摩阻力、跃前和跃后断面流速分布不均匀性以及紊动强度的平底二元自由水跃的共轭水深比方程。

如果假定跃前和跃后断面流速分布是均匀的($\beta_1 = \beta_2 = 1$),并忽略其两断面的紊动作用($T_1 = T_2 = 0$),而只考虑水跃底部摩阻力作用,式(3-1a)和式(3-1b)可化简为

$$\left(\frac{h_2}{h_1}\right)^3 + \frac{h_2}{h_1}(\varepsilon - 1 - 2Fr_1^2) + 2Fr_1^2 = 0 \tag{3-3}$$

对平底闸下出流的低弗汝德数水跃试验研究后得到的公式为

$$(h_2/h_1) = 0.5\left(\sqrt{1 + 10.4Fr_1^2} - 1\right) \quad Fr_1 < 4.0 \tag{3-4}$$

$$(h_2/h_1) = 0.5\left(\sqrt{1 + 8\beta Fr_1^2} - 1\right) \quad Fr_1 = 1.7 \sim 4.5 \tag{3-5}$$

式中　β——动量修正系数，$\beta = Fr_1/(1.03Fr_1 - 0.35)$。

对坝顶闸孔出流下游的低弗汝德数水跃试验研究后得到的公式为

$$(h_2/h_1) = 0.5\left(\sqrt{1 + 8Fr_1^2} - 1\right) \quad Fr_1 < 4.0 \tag{3-6}$$

该式实际上就是著名的 Belanger 水跃方程。

1.1.2　水跃长度

水跃长度是指跃前断面到跃后断面的水平距离。低水头低弗劳德数的水跃长度的研究成果很多(见表 3-1)，计算结果相差较大，现以典型工程某水电站为例用各公式对水跃长度进行计算，量测计算结果见表 3-2 第(1)列～第(12)列，第(13)列为工程量测结果，表 3-2 中各公式计算的水跃长度与弗劳德数关系如图 3-1 所示。

表 3-1　低弗劳德数的水跃长度计算公式

公式序号	公式	公式来源
1	$L = 8.4(Fr_1 - 1)h_1$	张青可公式
2	$L = 7.45(Fr_1 - 0.963)h_1$	于洪银公式
3	$L = 8.75(Fr_1 - 1)h_1$	丁灼仪公式
4	$L = 9.4(Fr_1 - 1)h_1$	陈椿庭公式
5	$L = 11.1(Fr_1 - 1)^{0.93}h_1$	陶德山公式
6	$L = (0.6Fr_1^2 + 1)h_2$	
7	$L = 4.6h_2$	
8	$L = 6.9(h_2 - h_1)$	欧勒佛托斯基公式
9	$L = (4.9s + 6.1)h_2$	

表 3-2　低弗劳德数的水跃长度公式计算结果(一)　　单位：m

h_1	h_2	Fr_1	水跃长度公式计算结果									工程量测结果	拟定公式计算结果
			式 1	式 2	式 3	式 4	式 5	式 6	式 7	式 8	式 9		
(1)	(2)	(3)	(4)	(5)	(6)	(7)	(8)	(9))	(10)	(11)	(12)	(13)	(14)
3.33	16.3	3.80	78.32	70.38	81.59	87.65	96.30	157.52	74.98	89.49	35.88	89	93.2
2.5	14.31	4.40	71.40	64.01	74.38	79.90	86.60	180.53	65.83	81.49	29.42	88	85.0
2.13	13.38	4.80	67.99	60.89	70.82	76.08	81.83	198.35	61.55	77.63	26.49	82	80.9
1.92	12.78	5.04	65.16	58.32	67.87	72.91	78.08	207.56	58.79	74.93	24.74	80	77.6
1.8	12.6	5.29	64.86	58.03	67.57	72.59	77.41	224.16	57.96	74.52	23.94	81	77.2
0.66	7.8	8.81	43.30	38.58	45.10	48.45	49.55	371.04	35.88	49.27	12.59	56	51.5

由表 3-2 及图 3-1 可以看出：①各式计算结果有差异；②式 6 反映的水跃长度与弗劳

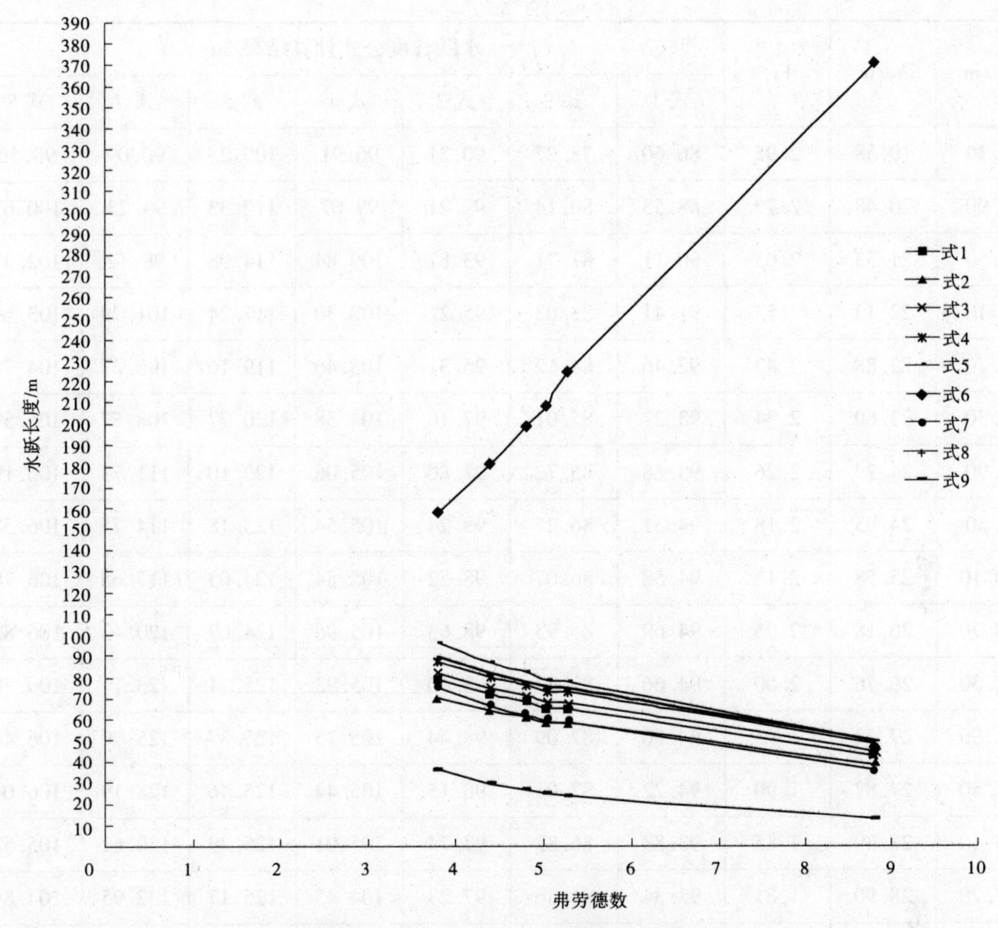

图 3-1　水跃长度与弗劳德数关系图

德数关系和其他公式反映的规律不一样,式 9 计算结果与工程量测结果相比偏小,所以首先否定式 6 与式 9;③式 4、式 5、式 8 计算结果较接近。

由表 3-3 可以看出:①式 7 计算的水跃长度与 *Fr* 成反比;②其他式服从 *Fr* 大于 2 时跃前水深越大水跃长度越长,跃前水深越小,水跃长度越小;③*Fr* 小于 2 时跃前水深越大,水跃长度越小,跃前水深越小水跃长度越大。

表 3-3　低弗劳德数的水跃长度公式计算结果(二)

h_1/m	h_2/m	Fr_1	水跃长度公式计算结果/m						
			式 1	式 2	式 3	式 4	式 5	式 7	式 8
3.50	16.44	3.66	78.17	70.29	81.43	87.48	96.46	75.65	89.32
4.10	17.58	3.37	81.51	73.42	84.91	91.22	101.41	80.86	93.01
4.70	18.62	3.14	84.29	76.05	87.80	94.33	105.62	85.65	96.05

续表 3-3

h_1/m	h_2/m	Fr_1	水跃长度公式计算结果/m						
			式 1	式 2	式 3	式 4	式 5	式 7	式 8
5.30	19.58	2.95	86.60	78.27	90.21	96.91	109.23	90.09	98.56
5.90	20.48	2.79	88.53	80.14	92.21	99.07	112.33	94.23	100.63
6.50	21.33	2.65	90.11	81.71	93.87	100.84	114.98	98.12	102.33
7.10	22.13	2.53	91.41	83.03	95.22	102.30	117.24	101.79	103.69
7.70	22.88	2.43	92.46	84.12	96.31	103.46	119.16	105.27	104.77
8.30	23.60	2.34	93.27	85.01	97.16	104.38	120.77	108.57	105.59
8.90	24.29	2.26	93.88	85.72	97.80	105.06	122.10	111.73	106.19
9.50	24.95	2.18	94.31	86.27	98.24	105.54	123.18	114.75	106.58
10.10	25.58	2.11	94.58	86.67	98.52	105.84	124.03	117.65	106.78
10.70	26.18	2.05	94.69	86.93	98.63	105.96	124.67	120.43	106.82
11.30	26.76	2.00	94.66	87.07	98.60	105.93	125.11	123.11	106.70
11.90	27.33	1.95	94.50	87.09	98.44	105.75	125.37	125.70	106.44
12.50	27.87	1.90	94.22	87.01	98.15	105.44	125.46	128.19	106.04
13.10	28.39	1.85	93.83	86.83	97.74	105.01	125.39	130.61	105.52
13.70	28.90	1.81	93.34	86.56	97.23	104.45	125.17	132.95	104.89
14.30	29.40	1.77	92.75	86.20	96.62	103.79	124.80	135.22	104.16
14.90	29.87	1.74	92.07	85.77	95.91	103.03	124.31	137.42	103.32
15.50	30.34	1.70	91.31	85.25	95.11	102.17	123.69	139.56	102.39
16.10	30.79	1.67	90.46	84.67	94.23	101.23	122.95	141.64	101.37
16.70	31.23	1.64	89.53	84.01	93.26	100.19	122.09	143.67	100.27
17.30	31.66	1.61	88.54	83.29	92.23	99.08	121.13	145.64	99.09

1.2 概化模型量测水跃长度

通过概化模型水槽试验,进一步分析低水头低弗劳德数水跃长度公式,不同流量下试验量测结果见表 3-4。

表 3-4　概化模型水跃试验量测水力要素

流量/(L/s)	跃前水深/cm	跃前流速/(m/s)	跃前弗劳德数	跃后水深/cm	水跃量测长度/cm	时均消能率	式 4/cm	式 5/cm	式 8/cm	拟定公式计算结果/cm
200	7.1	2.35	2.82	26	124.1	0.23	121.28	137.35	130.41	121.28
180	6.5	2.25	2.82	23.5	114.5	0.23	111.15	125.87	117.3	111.15
150	5	2.32	3.31	20.5	106.2	0.30	108.77	121.12	106.95	108.77
90	4.5	1.71	2.57	15.3	67.3	0.19	66.62	76.21	74.52	66.62
80	4.3	1.53	2.36	12.5	59.5	0.15	54.85	63.40	56.58	54.85
50	2.8	1.49	2.84	10	50.4	0.23	48.55	54.92	49.68	48.55

1.3　低水头低弗劳德数水跃长度公式拟定

根据前文分析,式 6 反映的水跃长度与弗劳德数关系与其他公式反映的规律不一样,式 9 计算结果与工程量测结果相比偏小,式 7 计算的水跃长度与 Fr 成反比,与其他公式不同,且计算结果与量测结果相差较大,式 6、式 7、式 9 不合适;式 1、式 3、式 4 与式 5、式 8 分别代表 3 种不同结构,式 4 与式 5、式 8 计算结果相差不大。对比概化模型试验量测结果,式 1、式 3 计算结果偏小,式 4 与式 5、式 8 计算结果与量测结果接近(见表 3-2),考虑到式 8 结构的跃后水深不易确定及公式结构的简易性,故拟定低水头低弗劳德数水跃长度公式结构同式 1、式 3、式 4,根据量测结果及低弗劳德数水跃易摆动性,通过概化模型试验初步拟定水跃长度公式 $L = 10(Fr_1 - 1)h_1$。拟定水跃长度公式计算结果见表 3-2 第(14)列及表 3-4。由表 3-2 及表 3-4 可以看出,计算结果与实际工程量测、模型试验量测结果较接近,初步说明公式拟定合理。

2　低水头低弗劳德数泄水建筑物下游消能结构研究

低弗劳德数水跃消能的显著特点是来流的泄水功率高而水跃消能率低,弗劳德数在 2~5,消能率不到 50%,水跃易摆动不易控制。消能率低将造成跃后水流强烈的紊动和波动,给下游消能防冲带来巨大的困难;水跃易摆动,要想控制水跃就需要增大消力池长度,但会大大增加工程的造价。要提高低水头及低弗劳德数灌区泄水建筑物下游消能防冲效果,又要控制水跃,且经济可行,可研究在消力池内(水跃发生段)布设不同形式、位置的消力墩,研究不同形式消力墩在降低水流动能、改善水流流态、减小跃后段流速等方面的效果。

2.1　梯形消力墩与 T 形消力墩消能效果模型试验研究

根据前人研究结果,水跃尾部消力墩消能效果优于水跃首部消力墩消能效果,故本书直接研究不同形式消力墩放于水跃尾部的消能效果。

梯形消力墩与 T 形消力墩放于水跃尾部的模型试验如下:

在自由水跃尾部分别放设同宽度、同高度、不同形状的梯形消力墩与 T 形消力墩,量测跃前、跃后流速,水跃长度及水跃下游稳定断面流速,分析消能防冲及控制水跃的效果。梯形消力墩、T 形消力墩分别放于水跃尾部，量测跃前断面最大流速 v_1、跃前断面水深 h_1、跃前断面弗劳德数 Fr_1 及实测水跃长度，并计算时均消能率等水力要素（见表 3-5、表 3-6）。

表 3-5　梯形消力墩放于水跃尾部量测计算水力要素

流量 Q/(L/s)	跃前流速 v_1/(m/s)	跃前水深 h_1/cm	跃前弗劳德数 Fr_1	理论计算水跃长度/cm	实测水跃长度度/cm	水跃时均消能率/%
200	2.82	5.96	3.69	160.32	89.15	35
180	2.7	5.45	3.69	146.85	81.5	35
150	2.78	4.79	4.06	146.74	80.76	40
90	2.05	3.78	3.37	89.64	50.25	31
80	1.84	3.67	3.06	75.66	42.53	27
50	1.79	2.39	3.69	64.40	37.42	35

表 3-6　T 形消力墩放于水跃尾部量测计算水力要素

Q/(L/s)	v/(m/s)	h_1/cm	Fr_1	理论计算水跃长度/cm	实测水跃长度/cm	水跃时均消能率/%
200	3.38	4.91	4.88	190.43	83.52	48
180	3.21	4.59	4.79	173.78	76.25	47
150	3.40	3.76	5.60	173.00	75.43	54
90	2.53	3.02	4.65	110.25	48.23	46
80	2.40	2.79	4.59	100.16	41.02	45
50	2.14	1.98	4.86	76.39	34.59	48

由表 3-5、表 3-6 可以看出，水跃尾部增设消力墩后水跃长度明显缩短（缩短了 25%~30%），水跃消能率明显提高，梯形消力墩弗劳德数小于 4.5，水跃长度缩短了 27%左右，消能率提高为原来的 1.5 倍左右；T 形消力墩弗劳德数基本大于 4.5，水跃长度缩短了 31%左右，消能率提高为原来的 2.2 倍左右。也就是说，水跃尾部增设消力墩可以起到稳定水跃，提高消能率的效果，梯形消力墩稳定水跃、提高消能率能力弱于 T 形消力墩。

但是 T 形消力墩弗劳德数基本大于 4.5，消能率基本大于 45%，处于稳定水跃上限临界值，消能防冲效果不很理想，而且设置 T 形消力墩需要在水跃尾部设尾坎与其相连，不经济且坎后已形成二次水跃，不适合投资小、级别低的灌区泄水建筑物消能，故选定梯形消力墩作为辅助消能工进行研究。从前述分析计算结果可以看出，梯形消力墩放置水跃尾部时消能率及缩短水跃长度方面不是很理想，故研究梯形消力墩位置如何变化能提高消能率及缩短水水跃长度度。

2.2　梯形消力墩布设位置模型试验研究

根据以往研究分析结果，梯形消力墩布置在距水跃尾部小于 40%水跃长度处且形成淹没出流，下游水流流态平稳，不会出现二次水跃且又能起到减小水跃下游水深和缩短水跃长度的目的，为此梯形消力墩位置概化模型试验把消力墩放置在距水跃尾部 40%水跃长度处进行模型观测，其观测分析计算结果见表 3-7。

表 3-7　梯形消力墩优化布设量测计算水力要素

Q/(L/s)	v/(m/s)	h_1/cm	Fr_1	理论计算水跃长度/cm	实测水跃长度/cm	水跃时均消能率/%
200	3.55	4.71	5.23	199.23	84.10	51
180	3.41	4.42	5.18	184.81	77.23	51
150	3.51	3.45	6.04	173.76	76.49	57
90	2.71	2.78	5.19	116.46	48.51	51
80	2.50	2.43	5.12	100.19	40.83	50
50	2.36	1.75	5.70	82.23	34.46	54

由表 3-7 可以看出，梯形消力墩布置在距水跃尾部小于 40%水跃长度处消能率明显提高，消能率由原来的 30%左右提高到 50%以上，当流量为 200 L/s 时，水跃长度缩短 5 m，控制水跃能力大大加强。说明梯形消力墩只要位置、尺寸设计合理，其消能防冲、稳定水跃效果可以与目前工程中一致推荐的 T 形消力墩媲美，且其下游流态平稳，更加经济实惠、简单易行，适用于投资小、级别低、低水头低弗劳德数的中小型灌区泄水建筑物下游消能。

2.3　小结

(1)根据前人研究结果，结合工程案例、理论分析计算及概化模型试验研究结果，得出低水头低弗劳德数水跃长度与跃前弗劳德数、跃前水深关系，拟定了低水头低弗劳德数泄水建筑物下游平底明渠矩形断面自由水跃长度公式：$L = 10(\mathrm{Fr}_1 - 1)h_1$。

(2)分析前人研究成果，结合概化模型试验，研究低水头低弗劳德数泄水建筑物下游辅助消能工结构及布设，得出以下结论：

①同尺寸、同水流条件下梯形消力墩与 T 形消力墩置于水跃尾部时，梯形消力墩消能效果、稳定水跃能力弱于 T 形消力墩的；

②梯形消力墩置于距水跃尾部 40%水跃长度处，其消能效果、稳定水跃程度明显高于置于水跃尾部的 T 形消力墩，且跃后水流平稳，不易形成二次水跃，投资小、经济可行。

第 3 节　消能结构优化组合系统研究工程案例

有些水利工程，单纯采用一种消能措施满足不了消能要求，需要多种消能结构优化组合，基于第 2 节的相关分析，本节以 S 低水头水电站泄洪闸为例，对消能结构优化组合进行系统研究。

1　S 低水头水电站基本情况

S 低水头水电站工程区属侵蚀冲积平原,地形略有起伏,地势开阔,河流总体流向北西,其中从上坝线上游约 500 m 至下游约 600 m 河段,河流转了个大弯,平面上呈 Ω 形。河谷呈开阔的 U 形,河床宽约 400 km。

S 低水头水电站的主要任务是调节径流,为水库下游地区提供灌溉用水,并兼顾发电。根据水库灌溉、发电的功能要求,枢纽工程应包括挡水建筑物、泄水建筑物和发电建筑物。根据本工程的地形、地质条件等,建筑物主要包括左岸均质土坝坝段,左岸混凝土连接坝段、泄洪闸坝段、厂房坝段、右岸混凝土连接坝段和右岸均质土坝坝段。主河槽布置电站厂房和泄洪闸,两侧布置挡水大坝。根据坝址区的地形地质、建筑材料等条件,修建均质土坝和壤土心墙堆石坝均是适宜的,通过比较,本阶段选择均质土坝作为推荐坝型。

泄洪建筑物由于坝址处河道呈弯曲状,为减小泄洪闸泄洪时对下游河岸造成的对冲,将闸址选在主河槽左岸的浅滩上。泄洪闸共设 7 孔,每孔净宽 11 m,最大泄量 1 880 m^3/s,选用 WES 实用堰,开敞式布置。堰顶高程 439. 30 m。闸顶高程与均质坝坝顶同,闸室设置弧形工作门、上游平板检修门各 1 道。闸室基础坐于冲积层上。下游消力池顶高程 423. 90 m,与闸室堰体反弧段相切,池长 40. 00 m。消力池后接海漫,总长度 80. 00 m,厚 1. 80 m。由于泄洪时消力池出口流速较大,为满足抗冲要求,前 30. 00 m 设置混凝土海漫,后 50. 00 m 设置浆砌石海漫。海漫末端设铅丝笼抛石防冲槽。

河床式电站厂房由右向左依次为安装间、主厂房、副厂房、主变压器,均布置在主厂房下游侧。电站安装 2 台贯流式水轮发电机组,总装机容量为 15 MW。

2　原设计方案研究

2.1　原设计方案

S 低水头水电站水工模型试验研究的主要内容有以下几方面:

(1)验证 PMF 洪水 445 m 时泄水闸泄洪能力能否满足设计流量 1 880 m^3/s 的要求。

(2)观察上游进口翼墙流态,量测顺坝流速对大坝的影响,并对上游翼墙防冲及体形布置提出优化建议。

(3)验证评价基于冲基层的泄洪闸的消能防冲措施,对消能防冲保护措施提出优化建议。

(4)观察泄洪闸下游流态,评价电站尾水渠与消力池之间导流墙长度、体形布置、高程,提出优化建议。

2.2　模型设计

2.2.1　相似准则

考虑模拟河道洪水,应满足重力(Fr)相似且紊动阻力相似要求;主要控制比尺为几何比尺、流量比尺、流速比尺、糙率比尺,其中 $\lambda_u=\lambda_h^{0.5}$,$\lambda_Q=\lambda_L\lambda_h\lambda_u$,$\lambda_n=\lambda_h^{2/3}/\lambda_L^{1/2}$。

2.2.2　模型比尺

考虑研究内容、模型场地、供水设备及量测精度等因素,模拟河段长选取大坝上、下游分别为 1. 0 km、0. 8 km,模拟河宽按照坝轴线长度取 3. 8 km。模型设计为变态定床模型,取变

态率 $e=2$。模型主要比尺见表 3-8(模型区长约 18 m、宽约 38 m),模型平面布置见图 3-2。

表 3-8　模型主要比尺

比尺名称	平面	垂直	变率	流速	流量	糙率	粒径
比尺大小	100	50	2	7.07	35 355	1.357	25

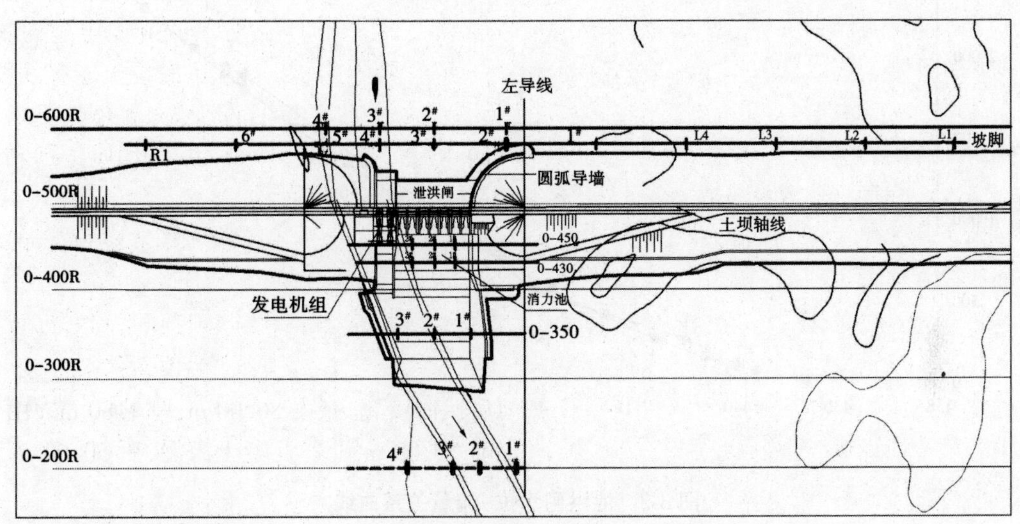

图 3-2　模型平面布置图

2.3　设计方案模型试验

2.3.1　闸门应用方式

根据工程实践及前人研究成果,制定了 S 泄洪闸闸门控制运用方式(见表 3-9)。

表 3-9　S 泄洪闸闸门控制运用方式

闸孔开启方案	库水位/m	泄量/(m^3/s)	孔数/孔	闸门控制运用方式
工况 1	445.0	300	3	2#、4#、6#闸门局部开启,1#、3#、5#关闭
工况 2	445.0	600	5	2#、3#、4#、5#、6#闸门局部开启,1#、7#关闭
工况 3	445.0	900	5	3#、5#闸门全开,2#、4#、6#闸门局开,1#、7#关闭
工况 4	445.0	1 200	5	2#、3#、5#、6#闸门全开,4#闸门局开,1#、7#关闭
工况 5	445.0	1 500	7	2#、3#、4#、5#、6#全开,1#、7#局开
工况 6	445.0	1 880	7	1#~7#全开

2.3.2　过流能力验证

本模型试验主要研究内容为验证泄洪闸形式、尺寸设计是否满足过流能力要求,也就是说上游 PMF 洪水时泄洪闸能否达到 1 880 m^3/s 过流能力。为此,在模型前池的进口处的供水管道上安装电磁流量计控制水库上游来流量,在闸前进口渐变流 0-600 断面布设测针量测闸前水位,验证水位-流量关系,根据验证水位-流量关系与设计单位提供的泄洪闸水位-流量关系进行比较(见图 3-3)。

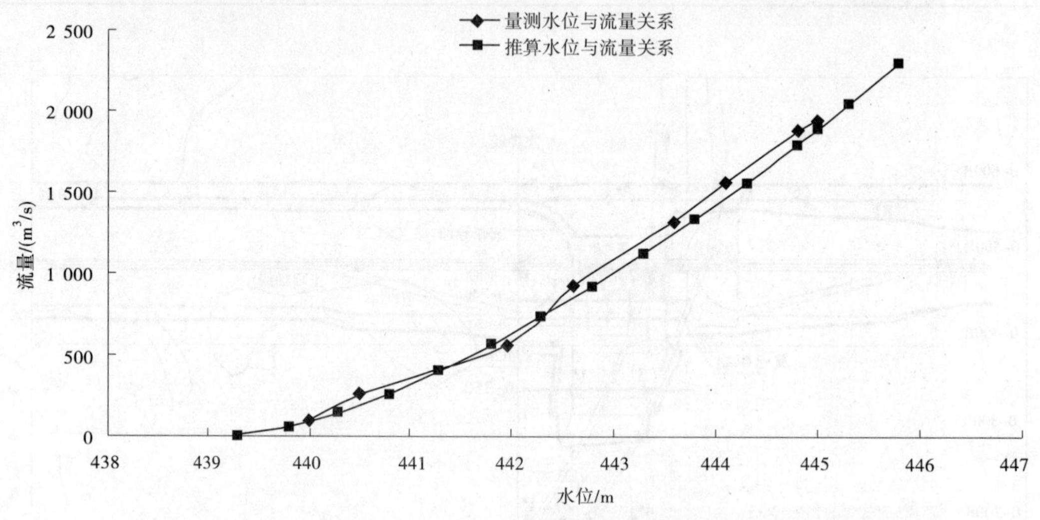

图 3-3 泄洪闸水位-流量关系曲线

通过图 3-3 可以看出,量测的水位-流量关系曲线与推算的水位-流量关系曲线十分接近,模型设计制作准确合理;当上游水位为 445 m 时,泄洪闸敞泄流量为 1 950.94 m^3/s,此流量大于设计的 PMF 洪峰流量 1 880 m^3/s,且相对误差为 3.78%,泄洪闸过流能力满足要求。

2.3.3 上游进口流态、流速试验分析

由图 3-4 可以看出,S 低水头水电站因坝长、坝前水深大,水库面积大,进口水流流态十分平稳,翼墙处基本无回流。圆弧形翼墙进流条件良好,能较好地引导水流进闸泄流,WES 堰起到很好的蓄水、平稳水头、加大过流能力作用。

通过泄洪闸前 0-580 断面观测流速,坝前流速平缓,进闸水流不会对上游翼墙产生冲刷,顺坝流速不大,除 PMF 洪水(Q=1 880 m^3/s)时坝坡中水面流速稍大于 1.0 m/s 外,其他情况下各处的流速均小于 1.0 m/s,不会对坝体造成冲刷。

2.3.4 泄洪闸下游消力池消能防冲效果分析

2.3.4.1 消力池及海漫流态描述

泄洪闸下泄小流量时消力池水跃稳定,基本无折冲水流,边孔回流不明显,消力池末无水拱,海漫水流平稳;当流量超过设计流量 1 030 m^3/s 时,消力池中形成淹没水跃,水跃翻滚强烈,左、右边孔受折冲水流影响水面回流明显,消力池表面翻涌区在消力池前段约 13 m 范围内,整个消力池末端水拱明显(见图 3-5),池长不能满足要求,消力池消能效果欠佳,出池水流余能较大,海漫水流不平稳,导流墙导流、隔流效果不能满足要求。

2.3.4.2 海漫及其下游消能防冲效果分析

泄洪闸下泄小流量时出池水流余能较小,主流基本居中,海漫水流平稳,海漫能较好

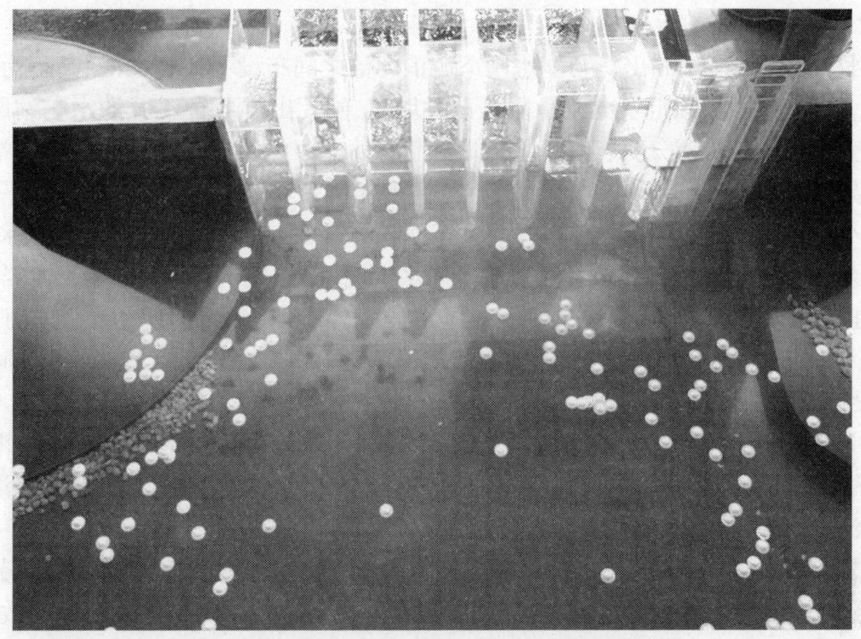

图 3-4　闸门全开上游翼墙进口流态

图 3-5　闸门全开 PMF 洪峰流量时消力池流态

调整流速分布,垂向流速分布调整为正常流速分布,海漫末端底部流速最大 0.59 m/s,0-200 断面垂向流速分布为正常流速分布,渠底最大流速为 0.91 m/s;当流量超过 1 030 m^3/s 时,主流居中,海漫水流不平稳,垂向流速分布还没完全调整到天然河道的水流状态,PMF 洪水时,海漫末端底部流速最大为 1.79 m/s。0-200 断面流速分布还不是典型的正常流速分布,PMF 洪水时渠底最大流速为 2.41 m/s,设计洪水时渠底最大流速为 1.65 m/s,下游河床为中砾砂质河床,设计流量时下游河床将发生冲刷。

2.3.5 电站尾水波动试验

S 低水头水电站尾水洞出口与泄水闸下游消力池之间布设了长 61.2 m、高程为 433.6 m 的导流墙。模型试验在额定发电流量情况下对堰流、闸孔出流各种工况的水电站尾水流态及尾水位变化进行了观测分析：泄洪闸下泄小流量时，消力池消能效果较好，池末端水面没有水拱现象，出池水流余能较小，导流墙长度、高度能满足要求，电站尾水流态较平稳，尾水位变幅较小（不超过 12 cm）；当流量增大，大于 900 m^3/s 时，池末端水面开始出现水拱现象，出池水流余能较大，随着流量增大，池末端水面水拱现象严重，导流墙顶开始上水，导流墙尾部还受水拱影响，电站尾水流态基本平稳，尾水位变幅有所增大，但尾水位变幅不超过 20 cm，加上枢纽泄洪的时间不会很长，大流量泄洪时不会对电网稳定运行造成大的影响。

2.4 原设计方案评价及优化方案

原设计方案泄洪闸的过流能力满足要求，上游进口流态平顺、进流均衡，上游顺坝流速较小、电站尾水波动不大，原方案设计整体比较合理。稍有不足的是，当泄洪闸泄洪流量增大时消力池末水拱严重，消能效果不佳，设计流量时下游河床发生冲刷。

通过模型试验观测，S 低水头水电站设计水头为 12.8 m，下游消力池跃前弗劳德数为 1.85，为低水头低弗劳德数泄水建筑物。为减小或消除水拱现象，提高消能防冲效果，提出如下优化方案：

（1）从提高消力池的消能防冲效果及海漫的调整流速作用方面考虑，可考虑加长消力池长度，也可在消力池设置消力墩辅助消能，或增加海漫的粗糙性消除余能，调整水流结构。

（2）小流量时，建议闸孔隔孔开启，大流量（$Q>1\ 030\ m^3/s$）时建议减少闸门局部开启。

3 S 低水头水电站消能结构优化组合系统模型试验研究

3.1 优化方案 1——消力池长度优化研究

3.1.1 消力池长度确定

由设计方案消力池水流现象分析可知，当流量大于设计洪水流量时，消力池末端水拱现象严重，水跃出消力池移向海漫，说明消力池长度设计不能满足需要。通过模型试验观测，PMF 洪水时跃前断面最大流速为 14.66 m/s，水深 7 m，弗劳德数为 1.77，设计水头为 12.8 m，为低水头低弗劳德数泄水建筑物，消力池长度设计为 40 m，按照前文研究的低水头低弗劳德数水水跃长度度公式 $L=10(Fr_1-1)h_1$ 计算水水跃长度度为 54 m，消力池长度取水水跃长度度的 80%，消力池长度应为 43.2 m，故优化方案 1 为加长消力池长度 5 m，消力池长度优化为 45 m。

3.1.2 优化方案 1 的消力池消能防冲效果研究分析

3.1.2.1 消力池及海漫水流现象分析

1. 修改方案消力池流态图

闸门开启工况 4 消力池流态（$Q=1\ 200\ m^3/s$）见图 3-6，闸门开启工况 5 消力池流态（$Q=1\ 500\ m^3/s$）见图 3-7，闸门开启工况 6 消力池流态（$Q=1\ 800\ m^3/s$）见图 3-8。

图 3-6　闸门开启工况 4 消力池流态($Q=1\ 200\ \mathrm{m^3/s}$)

图 3-7　闸门开启工况 5 消力池流态($Q=1\ 500\ \mathrm{m^3/s}$)

图 3-8　闸门开启工况 6 消力池流态($Q=1\ 800\ \mathrm{m^3/s}$)

2. 闸门不同开启方式消力池及海漫流态描述

小流量时,消力池的流态、出池水流、海漫水流流态均能满足要求;大流量时,消力池末端流速分布、回流现象及海漫流速调整能力较修改方案前有所改善,但消力池末端仍有水拱,且因消力池加长使海漫进口处水拱向下游移,海漫前段水流稍不平稳。

3.1.2.2　消力池、海漫及防冲槽流速分布分析

1. 修改前后消力池末端流速分布比较

消力池末端断面闸门开启工况 6 垂向流速分布($Q=1\ 880\ \mathrm{m^3/s}$)见图 3-9,消力池末端断面闸门开启工况 4 垂向流速分布($Q=1\ 200\ \mathrm{m^3/s}$)见图 3-10,消力池末端断面闸门开

启工况 3 垂向流速分布（$Q=900\ m^3/s$）见图 3-11。

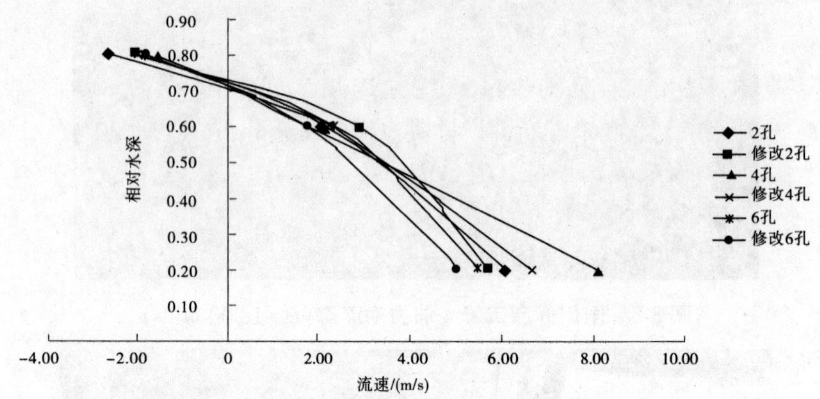

图 3-9　消力池末端断面闸门开启工况 6 垂向流速分布（$Q=1\ 880\ m^3/s$）

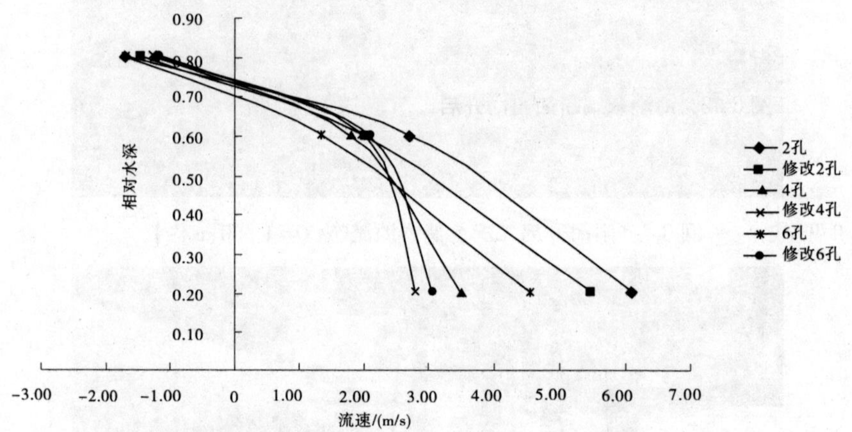

图 3-10　消力池末端断面闸门开启工况 4 垂向流速分布（$Q=1\ 200\ m^3/s$）

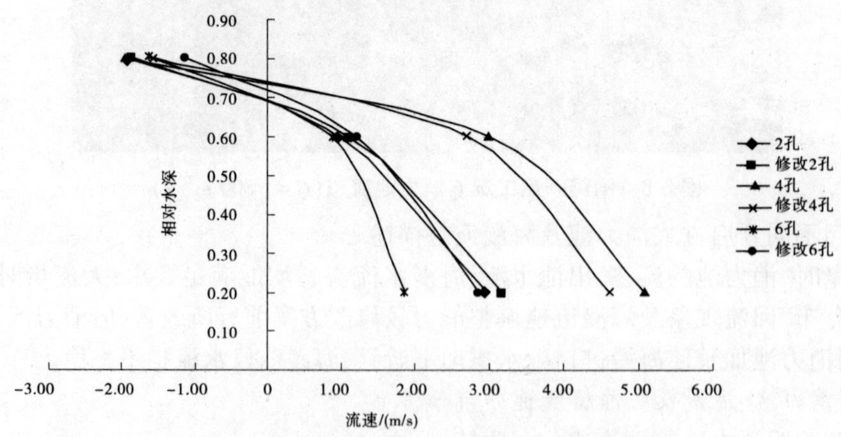

图 3-11　消力池末端断面闸门开启工况 3 垂向流速分布（$Q=900\ m^3/s$）

2. 修改前后海漫末端流速分布比较

海漫末端断面闸门开启工况 6 横向流速分布(Q=1 880 m^3/s) 见图 3-12,海漫末端断面闸门开启工况 6 垂向流速分布(Q=1 880 m^3/s) 见图 3-13,海漫末端断面闸门开启工况 5 横向流速分布(Q=1 500 m^3/s) 见图 3-14,海漫末端断面闸门开启工况 5 垂向流速分布(Q=1 500 m^3/s) 见图 3-15。海漫末端断面设计洪水横向流速分布(Q=1 030 m^3/s) 见图 3-16,海漫末端断面设计洪水垂向流速分布(Q=1 030 m^3/s) 见图 3-17。

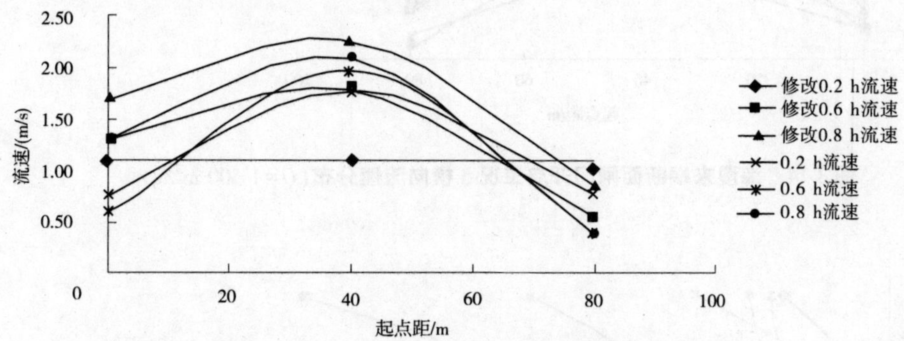

图 3-12　海漫末端断面闸门开启工况 6 横向流速分布(Q=1 880 m^3/s)

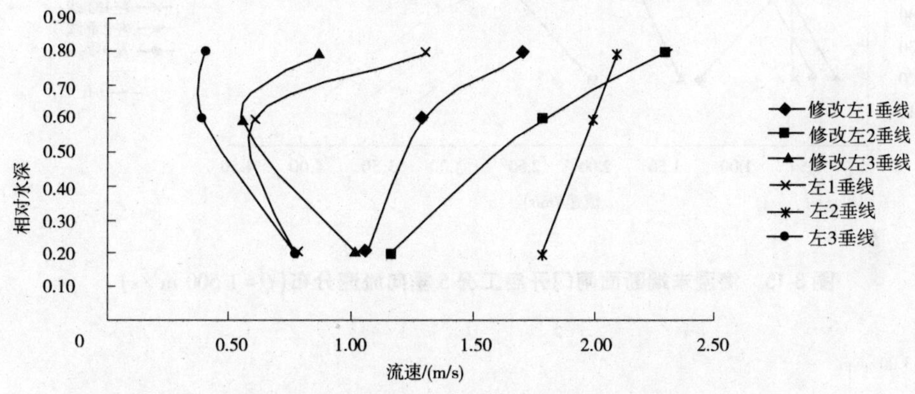

图 3-13　海漫末端断面闸门开启工况 6 垂向流速分布(Q=1 880 m^3/s)

3. 修改前后下游控制断面 0-200 流速分布比较

下游控制断面 0-200 断面 PMF 洪水横向流速分布(Q=1 880 m^3/s) 见图 3-18,下游控制断面 0-200 断面 PMF 洪水垂向流速分布(Q=1 880 m^3/s) 见图 3-19,下游控制断面 0-200 断面设计洪水横向流速分布(Q=1 030 m^3/s) 见图 3-20,下游控制断面 0-200 断面设计洪水垂向流速分布(Q=1 030 m^3/s) 见图 3-21。

3.1.3　观测分析

通过对水流现象观测、修改方案前后消力池末端断面、海漫末端断面、下游 0-200 控制断面横向流速分布套绘图及垂向流速分布套绘图(见图 3-18～图 3-21) 进行分析,可以得出:

(1) 当消力池加长,大流量时,水跃基本控制在池中,海漫进口水拱现象得到改善,但因跃前弗劳德数不大,水跃消能率较低。

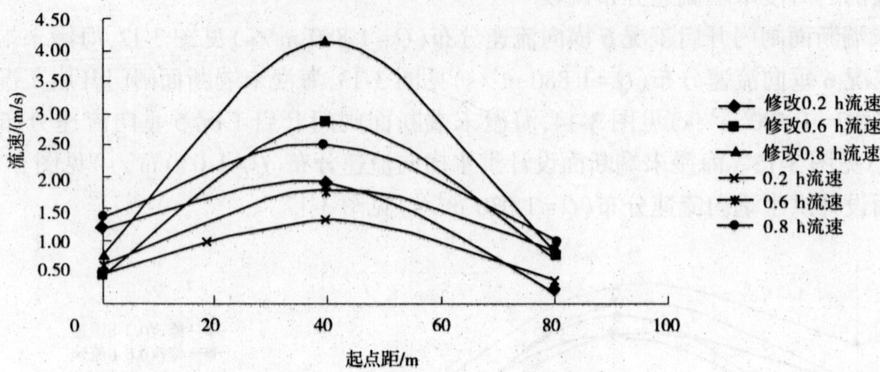

图 3-14　海漫末端断面闸门开启工况 5 横向流速分布($Q=1\ 500\ m^3/s$)

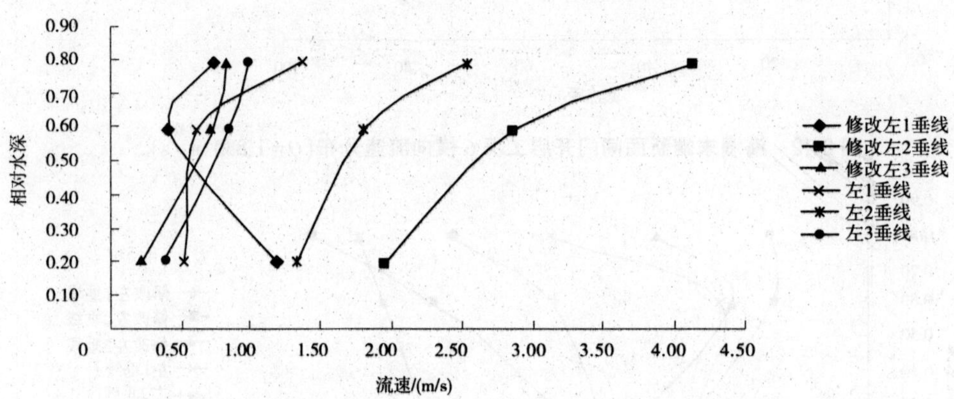

图 3-15　海漫末端断面闸门开启工况 5 垂向流速分布($Q=1\ 500\ m^3/s$)

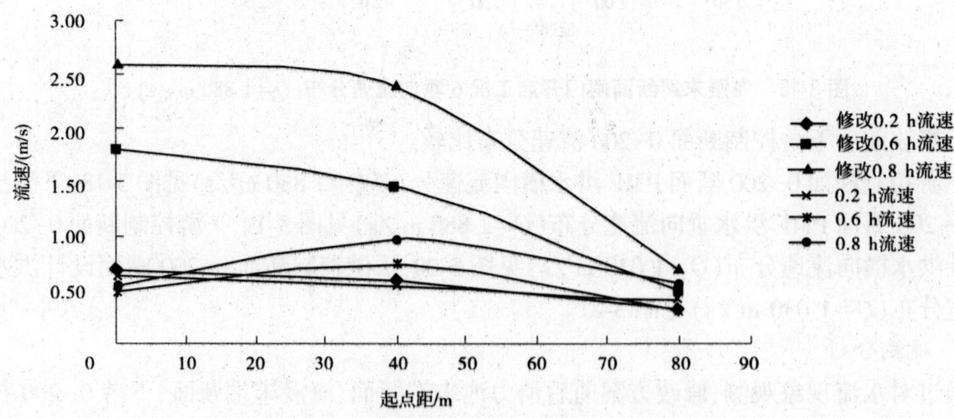

图 3-16　海漫末端断面设计洪水横向流速分布($Q=1\ 030\ m^3/s$)

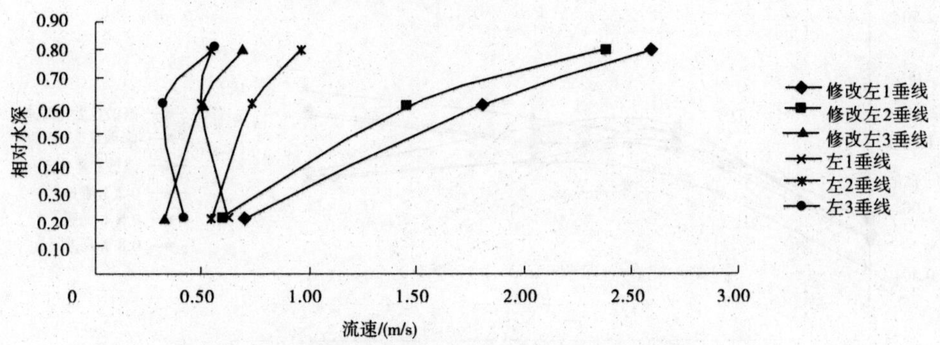

图 3-17　海漫末端断面设计洪水垂向流速分布($Q=1\ 030\ m^3/s$)

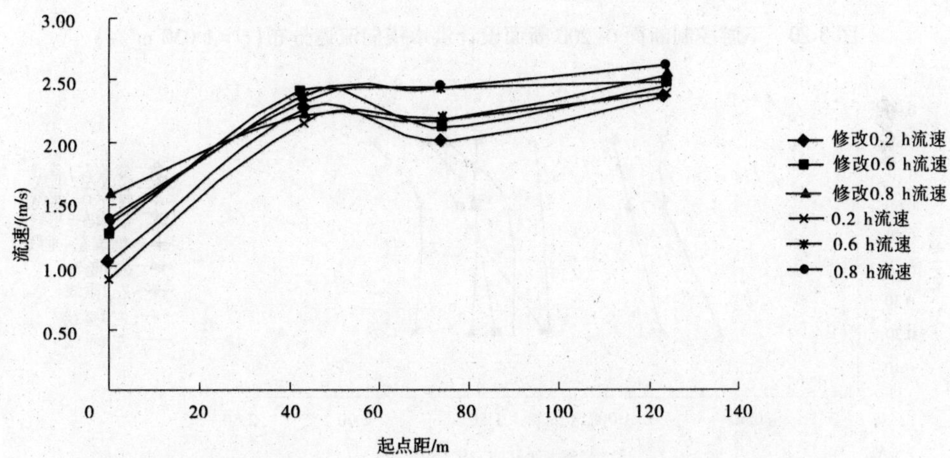

图 3-18　下游控制断面 0-200 断面 PMF 洪水横向流速分布($Q=1\ 880\ m^3/s$)

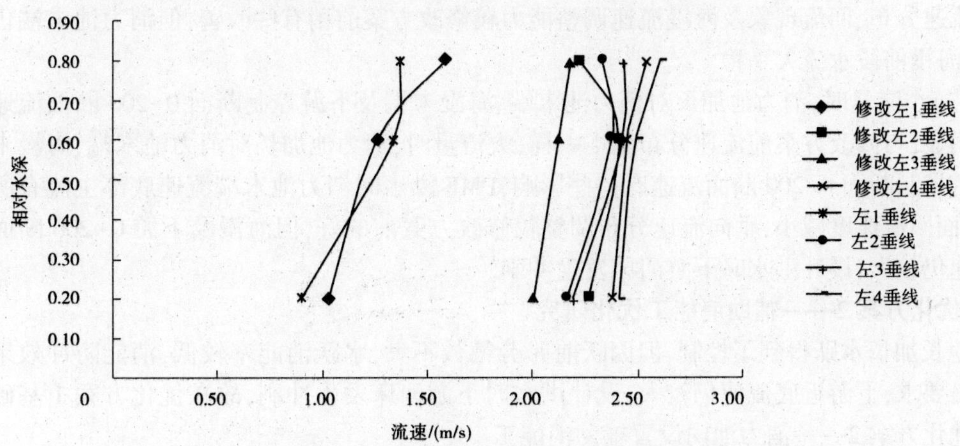

图 3-19　下游控制断面 0-200 断面 PMF 洪水垂向流速分布($Q=1\ 880\ m^3/s$)

(2)小流量时,消力池的流态、出池水流、海漫水流流态均能满足要求;大流量时,消力池

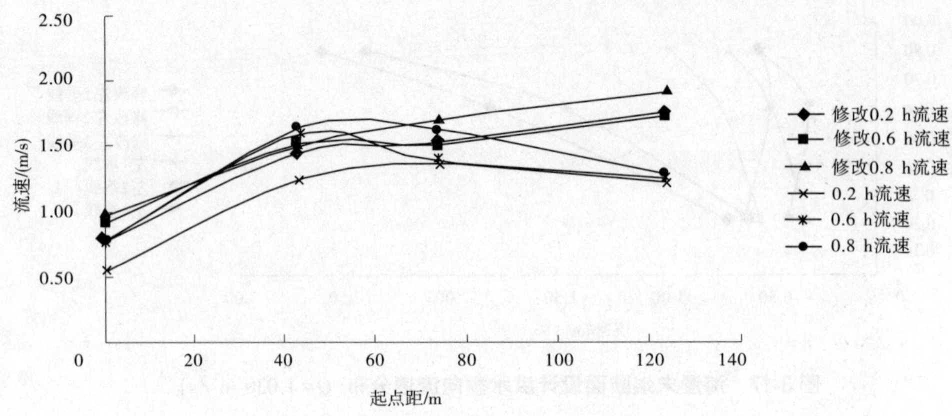

图 3-20 下游控制断面 0-200 断面设计洪水横向流速分布($Q=1\ 030\ m^3/s$)

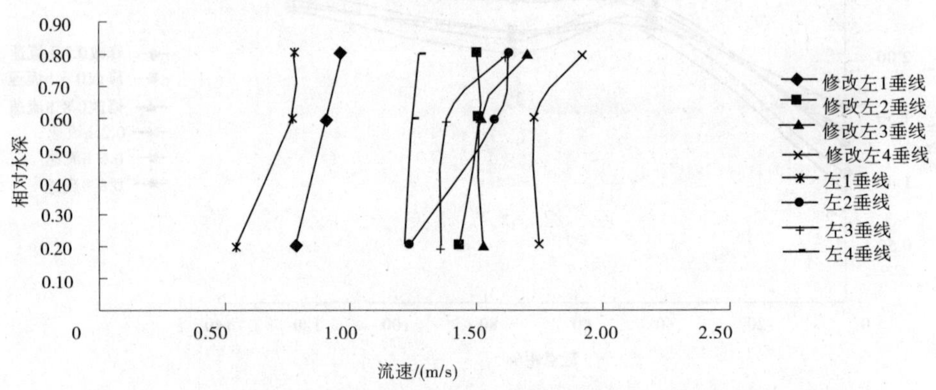

图 3-21 下游控制断面 0-200 断面设计洪水垂向流速分布($Q=1\ 030\ m^3/s$)

末端流速分布、回流现象及海漫流速调整能力较修改方案前稍有些改善,但消力池末端仍有水拱,海漫前段水流欠平稳。

(3)小流量时,消力池加长对消力池末端、海漫末端及下游控制断面 0-200 断面流速影响不明显,与修改方案前流速分布基本一样;大流量时,消力池加长对消力池末端、海漫末端及下游控制断面 0-200 断面流速有一些影响,PMF 洪水时消力池末端流速底部主流有所上移,表面回流速度减小,垂向流速分布调整较修改方案前的好,但海漫及下游 0-200 断面近底流速仍较大,设计洪水时下游河床发生冲刷。

3.2 优化方案 2——辅助消能工优化研究

池长加长水跃得到了控制,但因跃前弗劳德数不大,水跃消能率较低,消能防冲效果不能满足要求,下游近底流速仍较大,设计洪水时下游河床发生冲刷,故在优化方案 1 基础上进行优化方案 2——消力池内设置辅助消能工。

3.2.1 设置梯形消力墩

由第 2 节概化水工模型试验研究可知,梯形消力墩位置置于消力池后部,距消力池池尾距离不大于 40%池长处,其消能防冲稳定水跃效果与目前推广的 T 形消力墩效果相当,且工程量小、经济可行，不易形成二次水跃，适合投资小、级别低的灌区泄水建筑物消能。故在距消力池池尾 40%池长处设置梯形消力墩，分析前人对梯形消力墩的研究成果，梯形消力墩尺寸设计为上墩顶宽度为 20%墩高，下墩顶宽度为 1.2 倍墩高，墩高稍高于池深 20 cm 左右，墩高与墩间距 1∶1进行模型试验研究(见图 3-22)。

图 3-22　优化方案 2 布设

3.2.2　优化方案 2 消力池消能防冲效果分析研究

通过各工况观测的水流现象，设置消力墩后水跃位置基本稳定，水拱现象明显改善，海漫水流平稳(见图 3-23)，优化方案 2 的跃前流速、跃后流速、海漫流速及下游河道流速得到

图 3-23　闸门开启工况 4 消力池流态

大大改善。设置消力墩前后跃前断面流速对比见表 3-10，消力池末端、海漫末端断面及下游

控制断面 0-200 断面流速分布特征见表 3-11~表 3-13。

表 3-10 设置消力墩前后跃前断面流速比较

位置	设置消力墩前				位置	设置消力墩后			
	跃前流速/(m/s)	跃前水深/m	弗劳德数	消能率/%		跃前流速/m/s	跃前水深/m	弗劳德数	消能率/%
1#孔后	7.75	7	0.94	0.0	1#孔后	26.12	6.8	3.20	29
2#孔后	13.25		1.60	3.3	2#孔后	33.98		4.16	41
3#孔后	12.40		1.50	2.2	3#孔后	30.87		3.78	37
4#孔后	12.55		1.52	2.4	4#孔后	32.12		3.93	38
5#孔后	10.04		1.21	0.3	5#孔后	30.08		3.68	35
6#孔后	9.71		1.17	0.1	6#孔后	28.92		3.54	33
7#孔后	9.92		1.20	0.2	7#孔后	27.03		3.31	30

表 3-11 消力池末端 0-430 断面流速分布特征

工况(消力池末端)	底部流速/(m/s)	表面流速/(m/s)	水流现象描述
堰流 PMF 洪水流量	最大 5.71	回流流速 2.05	主流居中,水面稍有回流
堰流设计洪水流量	最大 4.45	回流流速 2.8	主流居中,水面稍有回流
闸门开启工况 1	最大 0.32	流速 0.49	主流稍偏左,水面无回流
闸门开启工况 2	最大 1.61	流速 1.73	主流居中,水面无回流
闸门开启工况 3	最大 3.58	回流流速 1.57	主流稍偏左,水面有回流
闸门开启工况 4	最大 4.33	回流流速 1.33	过流基本均衡,水面有回流
闸门开启工况 5	最大 4.75	回流流速 1.46	过流较均衡,水面稍有回流

表 3-12　海漫末端 0-350 断面流速分布特征

工况(海漫末端)	底部流速(m/s)	表面流速(m/s)	水流现象描述
堰流 PMF 洪水流量	表最大 1.53	最大 2.16	主流居中,中垂线垂向流速分布正常,左右两边垂线垂向流速分布不太正常
堰流设计洪水流量	最大 0.62	最大 0.98	主流居中,中垂线垂向流速分布正常,左右两边垂线垂向流速分布趋于正常
闸门开启工况 1	最大 0.29	最大 0.69	主流居中,垂向流速分布正常,左右两边垂线垂向流速分布基本一致
闸门开启工况 2	最大 0.36	最大 1.52	主流居中,垂向流速分布正常
闸门开启工况 3	最大 0.41	最大 2.24	主流基本居中稍偏右,垂向流速分布正常
闸门开启工况 4	最大 0.49	最大 2.01	主流居中,垂向流速分布正常,左右两边垂线垂向流速分布基本一致
闸门开启工况 5	最大 1.14	最大 2.58	主流居中,垂向流速分布基本正常

表 3-13　下游河道 0-200 断面垂线流速分布

PMF 洪水流量下游河道 0-200 断面流速垂线分布				
测点位置	左 1	左 2	左 3	左 4
0.2 h	0.77	1.83	1.85	2.06
0.6 h	1.39	2.02	2.07	2.29
0.8 h	1.43	2.41	2.45	2.73
设计洪水流量下游河道 0-200 断面流速垂线分布				
测点位置	左 1	左 2	左 3	左 4
0.2 h	0.52	1.06	1.08	1.04
0.6 h	0.65	1.37	1.17	1.09
0.8 h	0.81	1.75	1.79	1.33
闸门开启工况 5 (Q=1 500 m^3/s)时 0-200 断面流速垂线分布				
测点位置	左 1	左 2	左 3	左 4
0.2 h	0.30	1.71	2.01	1.99
0.6 h	0.54	1.87	2.04	1.74
0.8 h	0.69	2.21	2.56	2.53

由表 3-10~表 3-13 可以看出,PMF 洪水时,设置梯形消力墩后消能率大大提高,最大消能率从原来的 3.3%提高到 41%,消能效果明显;海漫末端近底最大流速由 1.79 m/s 减小到 1.53 m/s,下游 0-200 断面设计洪水时近底流速基本小于 1.0 m/s,河床不会发生冲刷,但流量大于设计洪水流量时,下游河床仍会发生冲刷。

3.3　优化方案 3——减小下游流速海漫加糙优化研究

优化方案 2 设置梯形消力墩大大提高了消能率,下游流速明显减小,但因消力池下游海漫底坡陡($i=1/10$)流速大,下游 0-200 断面仍不能满足防冲要求,故在优化方案 2 的基础上进行优化方案 3。

3.3.1　减小海漫近底流速方法研究——海漫加糙

梯形消力墩能有效地减小海漫底部流速,但对于海漫底坡较陡或海漫下游软基河床,海漫底部水流流速可能还不符合防冲要求,此时应采取措施减小海漫水流速度。通过水力分析计算(见表 3-14、表 3-15),对于断面形状尺寸一定、流量一定的断面,可通过减小底坡或增加糙率减小海漫流速,但调整底坡对流速、水深及流态的影响不如调整糙率明显可行。调整糙率,当糙率以 0.005 递增、水深以 0.1~0.2 m 递增时,糙率扩大 10 倍,流速缩小为原来的 20%;调整底坡,当底坡以 0.005 递减、水深以 0.02 m 左右递增时,底坡缩小为原来的 1%时,流速缩小为原来 20%,故海漫加糙是减小下游底部流速的有效方法)。

表 3-14　糙率对流速的影响(底宽、底坡及边坡系数一定)

H/m	n	A/m^2	x/m	R/m	C	Q/(m^3/s)	v/(m/s)	Fr
0.92	0.01	78.335	87.41	0.90	98.19	1 880	24.00	8.08
1.17	0.015	100.42	88.54	1.13	68.08	1 880	18.72	5.6
1.39	0.02	119.87	89.53	1.34	52.49	1 880	15.68	4.31
1.59	0.025	137.59	90.41	1.52	42.9	1 880	13.66	3.52
1.77	0.03	154.05	91.23	1.69	36.37	1 880	12.20	2.99
1.94	0.035	169.54	92.00	1.84	31.64	1 880	11.09	2.6
2.11	0.04	184.26	92.72	1.99	28.03	1 880	10.20	2.3
2.26	0.045	198.33	93.40	2.12	25.19	1 880	9.48	2.07
2.40	0.05	211.86	94.05	2.25	22.9	1 880	8.87	1.88
2.54	0.055	224.93	94.68	2.38	21	1 880	8.36	1.72
2.68	0.06	237.59	95.28	2.49	19.41	1 880	7.91	1.59
2.81	0.065	249.88	95.87	2.61	18.05	1 880	7.52	1.48
2.94	0.07	261.86	96.43	2.72	16.87	1 880	7.18	1.38
3.06	0.075	273.55	96.98	2.82	15.85	1 880	6.87	1.3
3.18	0.08	284.97	97.51	2.92	14.95	1 880	6.60	1.22

续表 3-14

H/m	n	A/m^2	x/m	R/m	C	Q/(m^3/s)	v/(m/s)	Fr
3.29	0.085	296.16	98.03	3.02	14.15	1 880	6.35	1.16
3.41	0.09	307.13	98.54	3.12	13.43	1 880	6.12	1.1
3.52	0.095	317.89	99.04	3.21	12.78	1 880	5.91	1.05
3.63	0.1	328.46	99.52	3.30	12.2	1 880	5.72	1
3.73	0.105	338.87	100.00	3.39	11.67	1 880	5.55	0.95

表 3-15　底坡对流速影响(底宽、糙率及边坡系数一定)

h/m	i	A/m^2	x/m	R/m	C	Q/(m^3/s)	v/(m/s)	Fr
0.95	0.100	81.24	87.56	0.93	75.97	1 880	23.14	7.65
0.97	0.095	82.53	87.63	0.94	76.16	1 880	22.78	7.48
0.98	0.090	83.91	87.70	0.96	76.36	1 880	22.41	7.30
1.00	0.085	85.39	87.78	0.97	76.57	1 880	22.02	7.11
1.02	0.080	86.99	87.86	0.99	76.80	1 880	21.61	6.92
1.04	0.075	88.72	87.95	1.01	77.04	1 880	21.19	6.72
1.06	0.070	90.62	88.04	1.03	77.29	1 880	20.75	6.51
1.08	0.065	92.70	88.15	1.05	77.57	1 880	20.28	6.30
1.11	0.060	95.00	88.27	1.08	77.87	1 880	19.79	6.08
1.14	0.055	97.57	88.40	1.10	78.20	1 880	19.27	5.84
1.17	0.050	100.47	88.55	1.13	78.56	1 880	18.71	5.59
1.21	0.045	103.78	88.71	1.17	78.96	1 880	18.12	5.33
1.25	0.040	107.60	88.91	1.21	79.41	1 880	17.47	5.06
1.31	0.035	112.11	89.14	1.26	79.92	1 880	16.77	4.76
1.37	0.030	117.57	89.41	1.31	80.51	1 880	15.99	4.44
1.44	0.025	124.37	89.75	1.39	81.22	1 880	15.12	4.09
1.54	0.020	133.24	90.20	1.48	82.09	1 880	14.11	3.69
1.68	0.015	145.65	90.82	1.60	83.22	1 880	12.91	3.24
1.90	0.010	165.18	91.78	1.80	84.84	1 880	11.38	2.70
3.62	0.001	327.75	99.49	3.29	93.83	1 880	5.74	1.00

3.3.2　优化方案 3 消力池消能防冲效果分析

表 3-15 计算结果表明，要想使海漫水流为缓流，糙率要不小于 0.1，根据水力计算手册河道糙率表，达到此糙率材料为河中植草或块石，为保证海漫的柔韧性、粗糙性和抗冲性，根据糙率比尺计算模型糙率在 0.07 左右。分析前人研究成果，本项目海漫加糙方法为采用植草+干砌石刚柔相结合的海漫加糙方法，植草与干砌石间距 1∶2（见图 3-24）。海漫加糙后进行模型试验研究，观测分析水流现象，加糙后海漫水流更加平稳，分析消力池末端断面、海漫末端断面及下游 0–200 控制断面观测流速（见表 3-16～表 3-18）可以得出，海漫末端断面、0–200 断面河底流速大大减小，设计洪水时下游河道不冲刷。

图 3-24　优化方案 3 布设图

表 3-16　消力池末端断面流速

工况	底部流速/(m/s)	表面流速/(m/s)	水流现象描述
堰流 PMF 洪水流量	最大 5.65	回流流速 2.01	主流居中，水面稍有回流
堰流设计洪水流量	最大 4.39	回流流速 2.6	主流居中，水面稍有回流
闸门开启工况 1	最大 0.31	流速 0.50	主流稍偏左，水面无回流
闸门开启工况 2	最大 1.59	流速 1.72	主流居中，水面无回流
闸门开启工况 3	最大 3.57	回流流速 1.57	主流稍偏左，水面有回流
闸门开启工况 4	最大 4.34	回流流速 1.31	过流基本均衡，水面有回流
闸门开启工况 5	最大 4.76	回流流速 1.42	过流较均衡，水面稍有回流

表 3-17　海漫末端断面流速

工况	底部流速/（m/s）	表面流速 /（m/s）	流速分布描述
堰流 PMF 洪水流量	最大 1.05	最大 2.61	主流居中，中垂线垂向流速分布正常，左右两边垂线垂向流速分布不太正常
堰流设计洪水流量	最大 0.44	最大 1.18	主流居中，中垂线垂向流速分布正常，左右两边垂线垂向流速分布趋于正常
闸门开启工况 1	最大 0.21	最大 0.84	主流居中，垂向流速分布正常，左右两边垂线垂向流速分布基本一致
闸门开启工况 2	最大 0.26	最大 1.79	主流居中，垂向流速分布正常
闸门开启工况 3	最大 0.27	最大 2.65	主流基本居中稍偏右，垂向流速分布正常
闸门开启工况 4	最大 0.36	最大 2.21	主流居中，垂向流速分布正常，左右两边垂线垂向流速分布基本一致
闸门开启工况 5	最大 0.80	最大 2.84	主流居中，垂向流速分布基本正常

表 3-18　下游河道 0-200 断面垂线流速分布　单位：m/s

PMF 洪水流量 0-200 断面流速垂线分布				
测点位置	左 1	左 2	左 3	左 4
0.2 h	0.65	1.07	1.31	1.42
0.6 h	1.34	2.05	1.98	2.12
0.8 h	1.57	2.68	2.71	2.92
设计洪水流量 0-200 断面流速垂线分布				
测点位置	左 1	左 2	左 3	左 4
0.2 h	0.42	0.85	0.91	0.83
0.6 h	0.63	1.39	1.24	1.19
0.8 h	0.91	1.87	1.82	1.60
闸门开启工况 5（Q=1 500 m^3/s）时 0-200 断面流速垂线分布				
测点位置	左 1	左 2	左 3	左 4
0.2 h	0.38	0.98	1.06	1.12
0.6 h	0.74	1.45	1.56	1.41
0.8 h	1.27	2.47	2.56	2.51

3.4　优化方案 4——设置两排消力墩优化研究

泄水闸上下游水位落差小，原设计方案弗劳德数低，消能率很低，优化方案 2 在消力池内设置 1 排梯形消力墩后消能率大大提高，但因原设计方案消能率太低，水跃仍为摆动水跃,消能率40%左右,仍没达到消能率在45%以上的稳定水跃,优化方案3在PMF洪水时下游仍发生冲刷。因此,在优化方案3基础上进行优化方案4——在消力池内设置两排消力墩的优化研究(见图3-25)。

图3-25 优化方案4布设图

优化方案4的第一排消力墩位置尺寸及排放与优化方案2相同,第二排消力墩设在第一排消力墩与消力池尾中间,墩的尺寸及排放同前一排消力墩。进行优化方案4模型试验观测发现,水跃位置稳定,水拱基本消失,海漫水流更加平稳,跃前断面、海漫末端断面及下游0-200断面流速分布见表3-19~表3-21。

表3-19 设置消力墩前后跃前断面流速比较

位置	设置1排消力墩				位置	设置2排消力墩			
	跃前流速/(m/s)	跃前水深/m	弗劳德数	消能率/%		跃前流速/m/s	跃前水深/(m)	弗劳德数	消能率/%
1#孔后	26.12		3.20	29	1孔后	24.51		3.07	27
2孔后	33.98		4.16	41	2孔后	43.09		5.40	52
3#孔后	30.87		3.78	37	3孔后	38.72		4.85	48
4孔后	32.12	6.8	3.93	38	4孔后	40.15	6.50	5.03	49
5#孔后	30.08		3.68	35	5孔后	37.98		4.76	47
6#孔后	28.92		3.54	33	6孔后	36.89		4.62	46
7#孔后	27.03		3.31	30	7孔后	32.06		4.02	39

表 3-20　海漫末端断面流速特征

工况	底部流速/(m/s)	表面流速/(m/s)	流速分布描述
堰流 PMF 洪水流量	最大 0.98	最大 2.73	主流居中,中垂线垂向流速分布正常,左右两边垂线垂向流速分布不太正常
堰流设计洪水流量	最大 0.32	最大 1.21	主流居中,中垂线垂向流速分布正常,左右两边垂线垂向流速分布趋于正常
闸门开启工况 1	最大 0.23	最大 0.96	主流居中,垂向流速分布正常,左右两边垂线垂向流速分布基本一致
闸门开启工况 2	最大 0.25	最大 1.85	主流居中,垂向流速分布正常
闸门开启工况 3	最大 0.27	最大 2.74	主流基本居中稍偏右,垂向流速分布正常
闸门开启工况 4	最大 0.31	最大 2.36	主流居中,垂向流速分布正常,左右两边垂线垂向流速分布基本一致
闸门开启工况 5	最大 0.74	最大 2.91	主流居中,垂向流速分布基本正常

表 3-21　下游河道 0-200 断面垂线流速分布　　单位:m/s

PMF 洪水流量 0-200 断面流速垂线分布				
测点位置	左 1	左 2	左 3	左 4
0.2 h	0.64	0.98	1.09	1.21
0.6 h	1.32	2.03	1.94	2.13
0.8 h	1.61	2.71	2.89	3.11
设计洪水流量 0-200 断面流速垂线分布				
测点位置	左 1	左 2	左 3	左 4
0.2 h	0.43	0.79	0.83	0.78
0.6 h	0.61	1.41	1.22	1.21
0.8 h	0.98	1.93	1.89	1.72
闸门开启工况 5(Q=1 500 m^3/s)时 0-200 断面过程流速垂线分布				
测点位置	左 1	左 2	左 3	左 4
0.2 h	0.41	0.82	0.89	0.98
0.6 h	0.86	1.51	1.51	1.40
0.8 h	1.31	2.50	2.68	2.59

由表 3-19~表 3-21 可以看出,消力池中设置两排消力墩后最大消能率由原来的不足 40%提高到 50%以上,除边孔外消能率均大于 45%,*Fr* 大于 4.5,原来的摆动水跃变为稳定水跃,消能率满足要求,设置的消力墩很好地起到了稳定水跃、提高消能率的作用,海漫末端断面底部流速均小于 1.0 m/s,除下游 0-200 断面处 PMF 洪水时个别地方可能发生冲刷外,其他工况下游河道满足防冲要求。

3.5　闸门运用方式优化研究

灌区建筑物下游消能结构为系统工程,消力池长度确定合理,布设有效可行的消能工及海漫加糙,大大提高了消能防冲效果。但工程实践证明,闸门运行方式也是影响灌区建筑物下游消能防冲效果的不可忽视的因素。即使以消力池尺寸+梯形消能工+海漫加糙三方面优化组合,但闸门运行方式不合理,也会引起消力池消能率低,海漫下游受冲刷。模型试验结果表明,闸门运行方式全开或对称逐步开启较好,小流量时建议闸孔隔孔开启,大流量(Q>1 030 m^3/s)时建议减少闸门局部开启,如需泄洪,建议全开运行。

4　小结

(1)由优化方案模型试验研究结果可以看出,低水头低弗劳德数泄水建筑物下游采用底流消能确定消力池长度时,因弗劳德数低,水跃为弱动或摆动水跃,需要消力池长度比稳定水跃消力池要长,故在模型试验的基础上对以前的水水跃长度度公式进行改进,通过 S 低水头水电站模型优化方案验证可知,改进的水水跃长度度公式适合低水头低弗劳德数泄水建筑物。

(2)泄水建筑物低弗劳德数效能率很低,为保证下游软基河床不冲刷消力池,内设置消力墩消能,试验证明梯形消力墩经济可行,且消能效果明显。

(3)即使消力池内设置有消力墩但消力池下游还有余能,海漫底坡大或糙率小会使海漫近底流速较大,引起下游河床冲刷,所以对于底坡大或糙率小或下游软基河床,海漫要采取措施减小近底流速。试验表明,采用植草+干砌石刚柔相结合的海漫加糙方法,当植草与干砌石布设长度满足 1∶2时,糙率满足要求,海漫陡坡能调整为缓坡,流态能由急流调整为缓流,可减小海漫及下游底部流速。

(4)为提高消力墩消能率,减小下游近底流速,确保下游万无一失,可考虑在消力池内设置两排消力墩,使原来的弱动水跃转为稳定水跃,满足消能防冲要求。

(5)由资料分析、水力计算、模型试验及工程实践验证,对低水头低弗劳德数灌区泄水建筑物下游,提出了经济可行、消能防冲的消能结构应是集闸门应用方式、消力池尺寸、梯形消力墩及海漫加糙为一体的优化组合系统,缺少一个组合,优化组合效果就要受影响。也就是说,集闸门应用方式、消力池尺寸、梯形消力墩及海漫加糙为一体的优化组合系统涵盖了影响灌区建筑物下游消能防冲效果的主要因素。若想提高泄水建筑物下游的消能防冲效果,要从闸门应用方式、消力池尺寸、梯形消力墩及海漫加糙四方面统筹考虑、优化组合,这样才能真正达到消能防冲的要求。

第4章　泄流建筑物底孔进水口消涡措施研究

第1节　问题提出

漩涡现象广泛存在于自然界与工程领域,在自然界中,它以龙卷风、海洋环流等形式呈现,而在水利工程中,溢洪道、导流隧洞以及大型水泵等进水口前,也常常出现立轴漩涡。漩涡运动是极为复杂的流体动力学现象,其非定常性和非线性特征,共同构成了复杂的运动机制。由于漩涡对自然探索和工程应用意义深远,所以在流体力学领域,漩涡问题始终是充满挑战且热度不减的研究焦点。国际大坝会议将进水口漩涡问题纳入水力学议题,足见对其研究的重视程度。

各类建筑进水口处普遍存在漩涡现象,水电站、水泵站、通航船闸、调节流量水位的建筑物,以及核电站中央应急冷却系统的集水井等,都容易产生漩涡。从现有资料来看,国内的漫湾、龙羊峡、黄坛口等多处水利水电工程的模型或原型中,都观测到了立轴漩涡。

不过,在立轴漩涡的研究领域,虽然有很多实用措施,但理论研究相对薄弱。三维数值模拟的研究较少,针对具体工程项目的试验研究较多,然而规律性的研究却相对匮乏。因此,从理论层面深入剖析漩涡运动,分析其运动形态,借助三维数值模拟探究影响漩涡运动的各类因素,这不仅能帮助我们更透彻地理解漩涡的运动特性,对于探索有效的消涡措施,也具有重要的实用价值和广阔的应用前景。

在水利工程中,泄流建筑物底孔进水口的漩涡现象是一个复杂且具有挑战性的问题。漩涡的存在不仅影响水流的流动特性,还可能对水工建筑物造成严重损害。因此,深入分析漩涡现象的判别、分类、危害以及研究措施,对于制定有效的消涡策略至关重要。

1　漩涡现象的判别

漩涡现象的判别通常基于水流的直观表现和测量数据。在泄流建筑物底孔进水口处,可以通过以下特征进行判别:

(1)水面形态。漩涡形成时,水面会出现凹陷或漏斗状形态,这是漩涡现象的直观标志。

(2)水流速度。利用流速测量仪器,如激光多普勒测速仪或粒子图像测速技术(PIV),可以测量水流速度的变化,漩涡区域通常伴随着速度的局部增加或减小。

(3)水面波动。漩涡引起的水流扰动会在水面产生波动,这些波动可以通过视觉观察或水面波动传感器进行检测。

2 漩涡的分类

水工建筑物进水口漩涡现象很普遍,漩涡成因较多,漩涡类型也较多,工程中根据水面现象可对漩涡进行如下分类(见表4-1)。

表4-1 表面漩涡分类判别特征

表面漩涡类型	判别特征
1类	水面无凹陷,表面旋流不明显且非连续
2类	水面凹陷,表面层存在连续缓慢旋流
3类	水面无明显下陷,漩涡吸漂浮物入进水口,无吸气现象
4类	水面深陷,漩涡间隙挟带气泡进入进水口
5类	涡心形成贯通气柱,空气连续进入吸水口

根据自由水面现象及漩涡强弱,水面漩涡可以分为水面无凹陷、表面旋流不明显且非连续的1类漩涡;水面已现凹陷,表面层存在连续缓慢旋流的2类漩涡;水面无明显下陷,漩涡吸漂浮物入进水口,无吸气现象的3类漩涡;水面深陷,漩涡间隙挟带气泡进入进水口的4类漩涡;涡心形成贯通气柱,空气连续进入吸水口的5类漩涡。

4类、5类漩涡属于强漩涡,强漩涡的存在尤其是吸气漩涡的存在,会减小泄流能力,降低机组效率,甚至破坏水工建筑物,对工程结构产生危害,使泄水建筑物过流能力减少,引起结构物震动,降低机组效率,卷吸漂浮物等危害,因此研究进水口漩涡成因及消涡措施对水利工程正常运行有十分重要意义。

根据漩涡的形态和强度,可以将其分为以下几类:

(1)不吸气漩涡。水面轻微凹陷,基本不吸气,对建筑物安全运用无影响。

(2)间歇性吸气漩涡。水面下凹较深,形成带有尾部的立轴漩涡,间歇性将成串气泡带入,应尽量避免。

(3)贯通式漩涡。其又可分为间歇串联通漩涡和稳定串联通漩涡,漩涡充分发展,尾部经常吸气,存在贯通连续的空气进入通道,形成挟气涡流带,易形成气囊,应禁止。

3 漩涡的危害

漩涡对泄流建筑物的危害主要表现在以下几个方面。

3.1 漩涡对进水口的泄流能力构成了显著的削弱

吸气漩涡侵入进水口时,一方面增加水流阻力,另一方面减小水流有效通过面积,必然导致泄流能力降低、流量减少。当吸气漩涡贯穿整个水流,其尾部气核在侧部孔口出流时极为细小。此时,泄流能力降低主要是因为吸入空气在进水口后形成复杂的水汽两相紊流,进而致使流量系数下降。实验数据显示,当进水口前出现串通的吸气漩涡,侧向取水口流量系数大约减少5%,底部孔口流量系数减少幅度可达60%左右。为避免漩涡引发的系列问题,部分工程设施有时只能在低流量状态运行。如美国的托姆索克和马蒂朗两座抽水蓄能电站,在上池水位较低时,为防止漩涡负面影响,过机流量被迫减少一半。

3.2　漩涡现象加剧了水流的脉动,引起了机组和结构物的振动

吸气漩涡携带空气形成螺旋流,会产生强烈的脉动压力。这不仅给建筑物壁面增添脉动荷载从而引发震动,还会降低空化数,加大水工建筑物和水电设备遭受空蚀破坏的风险。比如印度的RAMAGANGA工程,进水口进流时形成的强烈吸气涡,甚至让附近小山都能感受到振动。

3.3　漩涡现象降低了水力机组的效率

因吸气漩涡携带空气并形成螺旋流动,机组设备被迫在非设计条件下运行,直接致使其效率下降。实验表明,当吸气量体积比达到1%时,水泵抽水效率可能下降15%;当携带空气超过10%时,机组便无法正常工作。

3.4　卷吸漂浮物,造成进水口堵塞或拦污栅破坏

吸气漩涡具有强大下曳力,水面漂浮物一旦被卷入,就会被吸入进水口。若进水口前设有拦污栅,漂浮物会在拦污栅上不断聚集,时间一长,极有可能造成进水口堵塞。

3.5　其他危害

对于泄水隧洞,漩涡不断吸入的空气上升至洞顶后聚集成团状气囊,随水流向下游漂移,使泄水隧洞出现有压与无压交替的流动状态,严重恶化水流流态。

4　消涡措施的研究

鉴于漩涡带来的诸多危害,研究人员与工程师们积极探索,提出了一系列行之有效的消涡措施,主要涵盖以下几个方面:

(1)优化进水口设计:通过科学调整进水口的形状、大小以及位置,改善水流条件,从而有效减少漩涡的形成。具体来说,可以增加进水口的淹没深度,降低进口流速,避免水流过于湍急。此外,在进水口前设置导流设施,引导水流平稳进入,也能极大地减少漩涡产生的可能性。

(2)设置消涡建筑物:在进水口附近合理设置消涡梁、消涡板或消涡墩等结构物,能够有效破坏漩涡的形成与发展。这些结构物能够阻挡水流,改变水流流线的分布,使得水流的运动更加均匀,进而削弱漩涡的强度,降低其对泄流建筑物的影响。

(3)改善水流条件:通过合理调整水库的运行方式,如精准控制水位和流量,能有效减少漩涡的产生。例如,在高水位工况下运行水库,可确保进水口前有足够的淹没深度,使水流进入进水口时更加平稳,减少因水流不稳定而产生漩涡的几率。

(4)利用水力特性:通过巧妙调整水流的动能和势能分布,改变水流状态,从而抑制漩涡的形成。比如,设置水力跳台或跌水,增加水流的垂直落差,利用水流的能量转换破坏漩涡的稳定性,让水流在进入进水口前恢复平稳状态。

5　常用设置消涡建筑物措施

针对进水口漩涡问题,国内外学者开展了大量研究。根据漩涡形成的原因及影响因素,可通过合理设计、改善进口水流边界条件、调整运行方式、修建专门的建筑物或安装专门的结构物等途径来消除进水口漩涡。然而,由于进水口的布置与运行条件常受其他关键因素制约,通过修建专门的建筑物或安装专门的结构物来消除进水口漩涡,成为较为常

用的方法。

修建专门的建筑物消除漩涡,主要方法包括隔墙法、翼墙法、径向隔墙法、水平隔板法、径向隔墩加盖板法、导墙法、导流板、反漩涡法等;安装专门的结构物消除漩涡,主要方法有消涡梁(板)法、封闭式防涡格栅、浮体法、带孔口的防涡板、金属网法、漂浮式排筏法、垂直(水平)消涡格栅等。尽管消除漩涡的方法众多,但因对漩涡发生机制和运动规律的研究尚不够深入,目前还未找到通用的消涡准则。所以,对于具体工程,需结合实际边界条件,综合考虑经济因素,确定合理的消涡形式。

不同阶段、不同原因形成的漩涡,需采用不同的工程措施。在工程设计阶段,若因边界条件形成漩涡,就需合理设计进水口的体型,确保进水水流平顺。进水口上胸墙尽量采用前倾式胸墙或垂直式胸墙形式,保证进水口边界对称,尽可能减小水流方向与进水口轴线的夹角;若因淹没深度形成漩涡,可通过增加基础开挖深度来加大淹没水深,控制进水口前的淹没水深超过临界水深。在工程运行阶段,可通过消减回流减小流速,减小行近水流的环流来减小漩涡,也可采用消涡梁、消涡板等措施消除漩涡。以下为常用设置消涡建筑物措施的详细使用情况:

(1)隔墙法。在进水口设置隔墙,利用隔墙改变水流流向,打乱漩涡形成的条件,有效减少漩涡产生的可能性。比如在一些小型水利工程的进水口,通过设置简单的隔墙,引导水流转向,避免了水流的紊乱,从而降低了漩涡出现的概率。

(2)翼墙法。在进水口两侧修建翼墙,翼墙能够对水流起到约束和引导作用,稳定水流,防止水流在进水口附近形成漩涡,使水流平稳地进入进水口,保障水利设施的正常运行。

(3)消涡梁(板)法。在进水口上方或两侧安装固定或可动的消涡梁(板)。当水流经过时,消涡梁(板)直接干预水流运动状态,破坏水流的旋转趋势,打乱漩涡的形成结构,从而达到消涡的目的。一些大型水电站的进水口就采用了这种方法,通过调整消涡梁(板)的角度和位置,有效消除了漩涡对机组运行的影响。

(4)导流板法。使用导流板引导水流,让水流按照预定的方向平顺排出。导流板可以将集中的水流分散,避免水流在局部区域形成强烈的旋转,从而防止漩涡的产生,常用于各类排水工程的进水口。

(5)反漩涡法。利用反向水流来平衡或削弱正向水流产生的漩涡效应。通过在进水口附近设置专门的反向水流装置,使反向水流与正向水流相互作用,抵消漩涡的能量,进而消除或减弱漩涡。

(6)浮体法。在进水口附近水域投放一定数量的浮体,浮体在水流作用下不断移动,其移动过程干扰了漩涡的形成和发展。浮体的存在改变了水流的局部流态,打破了漩涡形成所需的稳定条件,从而抑制漩涡的产生,在一些小型灌溉工程的进水口有应用。

6　消涡措施的工程应用

在实际工程中,消涡措施需依据具体工程条件和需求量身定制。以下是一些典型案例:

(1)侧向进水倒虹吸进水池。云南滇中输水工程中,通过调整进水池右侧边墙体型,使水流更顺畅;延长导流墩,进一步引导水流方向;加消涡板、增设梯形竖梁,综合运用这些措施,成功消除了进水池倒虹吸进口前的回流与旋涡。

(2)竖式进水口。车马碧水库在竖式进水口周围设置由消涡墩和消涡盖板组成的消涡亭,在不影响泄流能力的前提下,有效消除立轴漩涡。

(3)高速水流泄洪洞进水口。中国水电顾问集团成都勘测设计研究院提出倒八字形布置的消涡墙结构,应用于高速水流泄洪洞进水口,施工难度小,且不受水位高低影响,消涡效果良好。

7　消涡措施的效果评估

消涡措施的效果,通常从以下几方面评估:

(1)流态改善:主要评估消涡措施在优化水流流态上的成效,比如漩涡数量是否减少,流速分布是否更均匀,水流是否更加平稳有序。

(2)工程安全:着重分析消涡措施对提升工程结构安全性的作用,考量其能否降低结构因水流冲击、漩涡影响而受损的风险,保障工程长期稳定运行。

(3)运行效率:关注消涡措施对提高泄流效率的影响,例如是否降低了能耗,在水电站场景下,是否有助于提高发电效率,提升整体运行效益。

泄流建筑物底孔进水口的消涡研究,融合流体力学、结构工程、数值模拟等多学科知识。随着计算机与实验技术的进步,研究将更深入精准,实际工程应用也需依具体情况优化设计,以实现最佳消涡效果。

通过对现有文献的深入分析和总结,可以看出,虽然目前对泄流建筑物底孔进水口消涡措施的研究已取得了一定的进展,但仍有许多问题需要进一步探索和解决。例如,如何根据不同工程的具体条件,设计出更加高效、经济、可靠的消涡措施;如何进一步提高数值模拟的准确性,更好地预测和评估消涡措施的效果;以及如何将理论研究更好地应用于实际工程中,都是未来研究的重要方向。

第 2 节　泄流底孔消涡措施试验研究

1　工程概况

某调蓄水库工程,设计流量 5 640 m^3/s,校核流量 6 206 m^3/s。该工程为闸坝式结构,113 m 长的混凝土泄水建筑物段由 3 个泄洪底孔、3 个泄洪表孔和 1 个排漂道组成,泄水建筑物左右为 518 m 长的心墙堆石坝与两岸连接,右岸挡墙沿水流方向为 600. 50 ~ 612. 00 m 高程不等的曲线形式。水库不同情况水位及泄洪底孔有关高程见图 4-1。

2　模型设计

某调蓄水库工程水力模型试验满足几何相似、运动相似、动力相似要求。由于惯性力

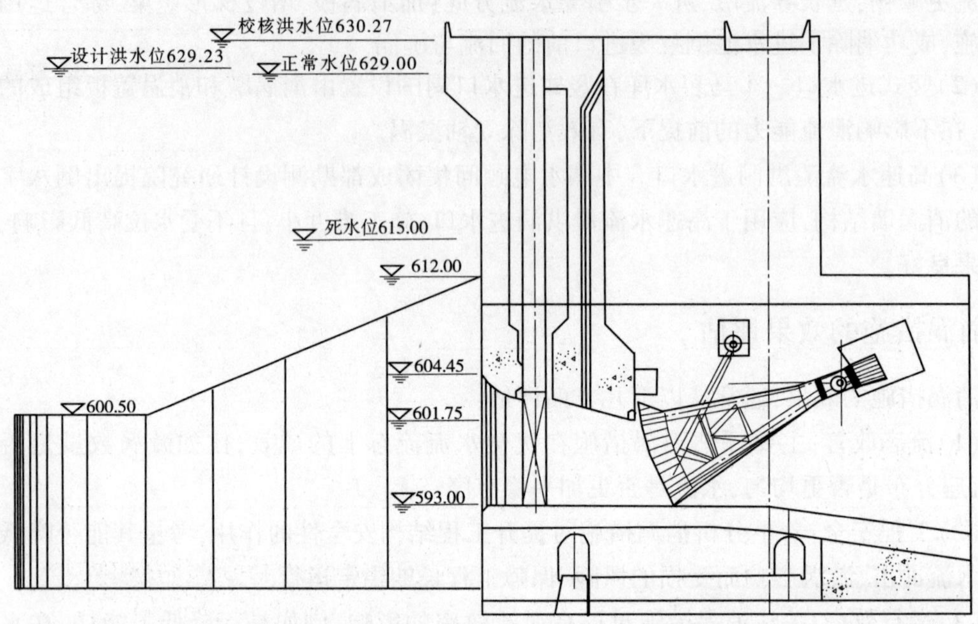

图 4-1　泄洪底孔剖面图　（单位:m）

和重力是决定河道水流运动的主导力,依据满足主导力相似的原则,使用弗劳德重力相似设计模型,并按原地形制作正态整体模型,模型主要比尺见表 4-2。模拟研究河段长度为大坝上、下游各选取 300 m,河宽按照坝轴线长度取。

表 4-2　模型主要比尺

几何比尺	流速比尺	流量比尺	糙率比尺	时间比尺
λ_L	λ_u	λ_Q	λ_n	λ_t
40	6. 32	10 119. 29	1. 85	6. 32

根据模型测试程序及试验测试内容,本模型根据上下游设计水位和校核水位制定了单孔泄流和整体泄流不同运行工况,并对不同工况进行模型试验研究分析。

3　设计方案泄洪底孔泄流建筑物流态分析

通过对不同运行工况模型试验进行研究分析,得出表孔上下游、排漂上下游水流流态满足要求,但泄洪底孔在设计方案泄流时,其进水口自由水面有强漩涡产生,用钢尺、测针对漩涡尺寸进行量测,用秒表对漩涡产生到破灭运行时间进行描述,量测对应原型数据见表 4-3。当全开校核水位泄流时,泄洪底孔进水口水面有 4 类、5 类强漩涡产生(见图 4-2)。

表 4-3　泄洪底孔进水口水面漩涡描述

泄流方式	上游水位	漩涡类型	最大漩涡直径/m	最大漩涡深度/m	漩涡最长运行时间/s
底孔泄洪洞单体泄流	校核水位	5类、4类	0.75	1.20	60
	设计水位	5类、4类	0.60	1.80	50
	正常水位	3类、4类，偶见5类	0.40	0.60	30
表孔底孔整体泄流	校核水位	5类、4类	0.80	1.50	150
	设计水位	5类、4类	0.60	1.00	120
	正常水位	3类、4类、5类	0.50	0.80	60

图 4-2　全开校核水位底孔进水口流态

4　漩涡成因分析

影响进水口形成漩涡因素很多，郑双凌、马吉明等在参考现有研究成果的基础上，以进水口边界条件、相对淹没水深(h/D)、行近水流环量数 N_z、弗劳德数 Fr、雷诺数 Re、韦伯数 We 作为进水口漩涡形成的主要影响因素，并以 φ 表示漩涡强度大小参数，则

$$\varphi = f(\text{进水口边界条件}, h/D, Fr = \frac{v}{\sqrt{gD}}, Re = \frac{vD}{\nu}, We = \frac{\rho v^2 D}{\sigma}, N_\Gamma = \frac{\Gamma D}{Q})$$

式中　h——淹没水深；

D——进水口直径；

v——进水口流速；

Γ——水流的初始环量常数；

Q——流量；

ρ——水流的密度；

ν——运动黏滞系数；

σ——表面张力系数。

表面张力忽略不考虑，由上式可以归纳出，影响漩涡形成的主要因素有 3 个方面：进水口淹没深度、进水口的边界条件和水流特性。

针对工程中影响漩涡形成的主要因素，分析某调蓄水库泄洪底孔进水口前漩涡形成的原因。

4.1 进水口淹没深度分析

增加进水口前水深可以减少漩涡产生，使进水口前不出现漩涡的最小水深为临界淹没水深，临界淹没水深是从进水口顶算起的水深，此水深处对应的水位为临界淹没水位。计算临界淹没水深公式很多，计算结果也有一定的差异，现利用有代表性的苏联经验公式和马吉明经验公式分别计算泄洪底孔进水口前的临界淹没水深，计算结果见表 4-4。

表 4-4 临界淹没水深计算

公式	弗劳德数	计算临界淹没水深/m	进水口顶处实际水深/m
苏联公式 $h/a=2.19Fr$	0.30~0.60	7.56~15.36	≥24.50
马吉明公式 $h/a=2.388Fr-0.01$		8.12~16.63	

注：上面公式中 a 为进水口高度，取 11.45 m；h 为从进水口顶算起的临界淹没水深。

由上面计算结果可以看出：①最大临界淹没水深近似可取 16 m，对应的临界淹没水位为 620 m；②水库各种水位运行下进水口处实际水深都大于临界淹没深度，进水口不会因淹没深度不足产生漩涡。

4.2 进水口边界条件及水流特性分析

进水口边界条件与其水流特性有密切关系，二者也是进水口形成漩涡的主要因素。泄洪底孔进水口边界非对称，左边是表孔泄流闸孔，右边是高程不等的曲线形挡墙，上游主流至泄洪底孔受不对称边界及顺坝流的影响，底孔进水口前形成回流，较强的环量引起漩涡产生；又因泄流建筑物布置紧凑，过水宽度较小，泄洪流量较大，进水口前行近流速较大，使进水口前 Fr 和 Re 增大，有利于进水口水面漩涡的形成与发展。

5 消涡措施试验分析

本工程因边界进水口非对称性及较大行近流速产生漩涡，考虑工程地形、地质条件、工程量及泄洪要求，进水口非对称性已不能改变，故要从消除漩涡或改善涡体强度方面进行消涡措施研究分析。针对本工程情况，先后提出了两种消涡措施，并进行模型验证。

5.1 设置消涡梁消涡措施模型试验研究分析

针对泄洪底孔进水口水面强旋涡，首先提出了在进水口前设置消涡梁常规消除漩涡措施。参考已有工程消涡梁布设尺寸，结合本工程进水口漩涡出现的范围，在右侧底孔、门库前加消涡梁。消涡梁布置高程影响消涡效果及运行管理，本工程通过模型试验最终确定消涡梁放置高程 620 m，即临界淹没水位 620 m 处。在高程 620 m 放置消涡梁后，底孔在各种工程运行情况下泄流时,进流均衡,进水口处水面平稳,水面偶见短时间 2 类漩涡,无漏斗漩涡和通气漩涡产生,消涡效果好(见图 4-3)。

图 4-3　放置消涡梁底孔进水口流态

在临界淹没水位 620 m 处放置消涡梁消涡效果很好,但考虑本工程河流中水草、树木等漂浮物很多,消涡梁运行操作日常维修管理麻烦,故放弃消涡梁消涡措施。

5.2　加高上游右岸挡墙高程消涡措施模型试验研究分析

根据本工程实际情况,不能用常规的消涡梁消除漩涡,故提出了加高上游右岸挡墙高程减小漩涡。加高上游右岸挡墙是为了理顺引导、调整主流方向,隔断泄洪底孔进水口处的横向回流,减小顺坝流影响,削减回流以减小流速,从而减小水流在进水口处的环量及流速。底孔进水口上游挡墙高程不同,底孔进水口前水面流态及涡体情况不同,表 4-5 为加高上游右岸挡墙泄洪底孔进水口水面漩涡描述。图 4-4 为设计水位底孔挡墙加高到 620.00 m 时进水口流态。

表 4-5　加高上游右岸挡墙泄洪底孔进水口水面漩涡描述

加高挡墙高程/m	上游水位	漩涡类型	最大漩涡直径/m	最大漩涡深度/m	漩涡最长运行时间/s
618	校核水位	3 类、4 类	0.30	0.50	60
	设计水位	3 类、偶见 4 类	0.20	0.40	50
	正常水位	2 类、3 类	0.15	0.20	30
620~628	校核水位	2 类、偶见 3 类	0.15	0.15	20
	设计水位	2 类	—	—	—
	正常水位	1 类、2 类	—	—	—
632	校核水位	5 类	0.60	1.20	120
	设计水位	5 类、4 类	0.60	1.00	100
	正常水位	4 类	0.50	0.75	60

图 4-4 设计水位底孔挡墙加高到高程 620.00 m 时进水口流态

由表 4-5、图 4-4 可以看出:①挡墙高程低于 620 m 时,导流消涡作用不明显,挡墙高程高于水库正常水位时,虽导流调整理顺主流作用明显,横向流消失,但由于进水口边界非对称,不可能使主流方向平行于底孔轴线方向,这样在裹头处仍有回流,而且因挡墙高于水库正常水位把坝前主流集中到主河槽中,坝前流速过大使回流环量增强,从而产生较强的漩涡;②右岸挡墙高程加高到 620~628 m 时比较适中,起到了导流、隔断横向回流和减小进水口处的环量及流速的作用,消涡效果较好。

挡墙高程加高到 620 m 时底孔进水口水面流态基本平稳,仅有 2 类弱漩涡运行。从经济、技术方面考虑,上游右岸挡墙高程加高到临界淹没水位 620 m,挡墙能达到改善底孔进水口前水面进气漩涡的作用。

6 小结

(1)对于进水口边界非对称、行近流速较大且河流中漂浮物很多的某调蓄水库底孔水面漩涡,从结构、经济性、实用性和管理等方面考虑,加高上游右岸挡墙高程到临界淹没水位 620 m 处,消涡效果较好,是推荐的消涡措施。

(2)泄流进水口的临界淹没水位是确定进水口高程、布设消涡设施参考的关键水位。

第 3 节 雨水泵站进水条件水力模拟试验分析

对已建成的泵站,如前池、吸水池的形状、尺寸设计不当,均会导致池内发生漩涡、回流等情况,对水泵的运行造成不良影响。本项目以某典型雨水泵站为例,对其进水流道及泵室水流流态进行模拟分析。

K 雨水泵站进水采用明渠进水前池,长度约 70 m,进口处设自动除污格栅。雨水泵站设置 3 台轴流泵(预留 1 台泵位)。针对 K 雨水泵站设计进水渠道、吸水池及拦污栅,测量典型过水断面垂线流速分布,观测吸水池、泵进口水流流态,保证设计作用水头下水池中的水流无有害漩涡,并不会对原型泵的运行造成影响。本水力模型试验满足几何相似、运动相似、动力相似要求,为了保证模型试验准确可靠,按 1:6的几何比尺制作雨水泵站正态整体模型(见图 4-5)。

图 4-5　模型整体布置

1　进口段流态分析

进口段高水位单泵运行时水面平稳,水流通畅进入进水口,进水流道右岸翼墙处稍有不明显绕流,进口左岸翼墙处基本无回流,主流稍偏右流道;高水位多泵时进口左岸翼墙处可见回流,水位变幅 1.5 cm 左右(见图 4-6);随着水位下降、流量增大,进口段受主河道边界条件影响愈加凸显,流态愈不平稳,左岸翼墙处回流愈明显,右岸翼墙处绕流漩涡深度增大,水位波动明显;低水位单泵时右侧绕流漩涡深度为 12 cm 左右;正常水位时水位波动增大,主流偏右明显,右岸翼墙处绕流漩涡深度增大到 20 cm 左右;低水位多泵时流态非常紊乱,水位波动高达 9 cm,水流湍急,左岸翼墙处回流更加明显,右岸翼墙处绕流漩涡深度增大到 35 cm 左右,主流偏右更加明显(见图 4-7)。

图 4-6　高水位多泵进口段流态图

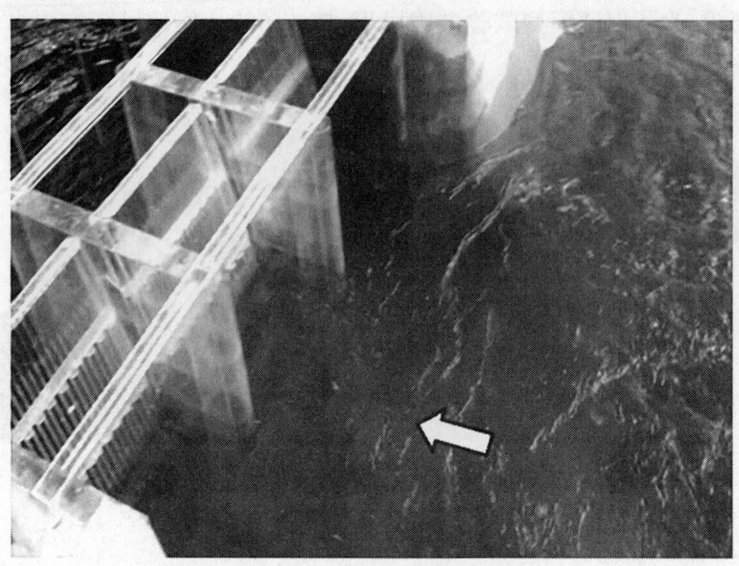

图 4-7　低水位多泵时进口段流态图

2　前池段流态分析

各工况前池段水流较平稳,进流基本均衡,进口段始、末受渐变段影响,左、右两岸有不同程度的回流,低水位时右岸回流范围较大,正常水位时左岸回流明显,高水位、正常水位时主流基本居中偏右,低水位时表面水流居中稍偏左流动。低水位水面波动较大,单泵时水面波动范围 5 cm,多泵时水位波动范围达 15 cm 甚至更多(见图 4-8、图 4-9);高水位时水面平稳,正常水位时水面无凹陷,表层旋流不明显且非连续(为 1 类漩涡),低水位多泵时在左右岸回流区水面有微凹陷,仅见表浅层存在连续缓慢旋流(为 2 类漩涡)。表面漩涡分类及特征描述见图 4-10。

3　吸水池及泵室水力特性

吸水池在单泵运行时进口左岸有绕流现象,右岸有回流,水面较平稳,低水位时偶见 2 类漩涡(见图 4-11),高水位时水面仅有 1 类漩涡;多泵运行时吸水池进口处主流基本居中,高水位时水面有微凹陷,水面比较平稳(见图 4-12)。

水流从吸水池进入泵室,一方面,由于水泵的抽吸影响,进入泵室的水流向吸水管喇叭口汇流;另一方面,泵室段的垂向扩散对水流流态进行调整,这些影响因素综合作用可使泵室水面产生环流,同时会有次生环流产生。通过采用浮子、高锰酸钾有色试剂对 K 泵模型试验泵室水面流态进行观察分析,多泵运行时,左流道、中间流道滤网后的进水前池及泵室水面形成逆时针回流,右流道形成顺时针回流;高水位时,泵室流态平稳,泵室后侧水面有 2 类漩涡(见图 4-13);多泵低水位时,泵室水面回流明显加强,泵室后侧偶见 3 类漩涡,单泵低水位运行时,偶见水面明显下陷,漩涡吸漂浮物入进水口,但无吸气现象的漩涡产生(4 类漩涡,见图 4-14);单泵高水位时,泵室水面很平稳,泵室前稍有回流,泵室后基本无

图 4-8　高水位多泵前池段流态图

图 4-9　低水位单泵前池段流态图

回流存在。

4　喇叭口段水力特性

不同工况运行时泵室立面上几乎无环流，水流在吸水管前至泵断面间下潜进入喇叭口，喇叭口处径向、垂向进流条件较好，各种工况下水下无附壁涡带和附底涡带产生，水下仅见旋转涡线，吸水管后无明显垂向螺旋流（见图 4-15）。

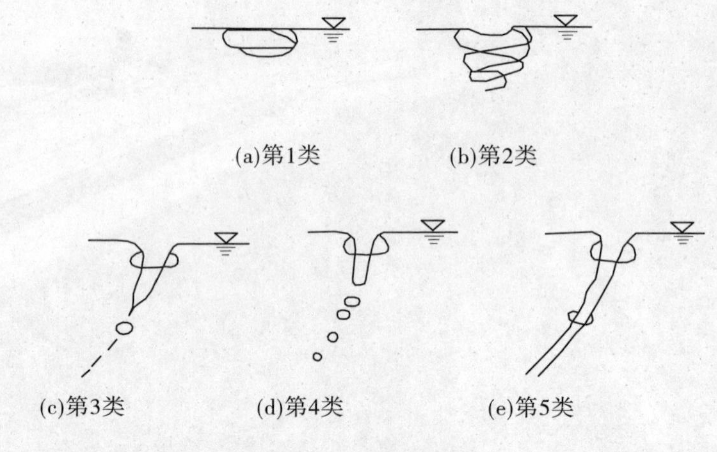

图 4-10　表面漩涡形态

图 4-11　低水位单泵吸水池段流态图

5　小结

(1)K 雨水泵站引水段进口处由于受进口处主河道地形及边界条件影响,低水位多泵时流态紊乱,水位波动大,左岸进口翼墙处回流明显,右岸进口翼墙处绕流漩涡深度 35 cm 左右,主流偏右更加明显,但通过试验观测,进水口过水能力基本能满足设计要求。

(2)前池段纵横断面设计可以满足正常过渡能力要求,其布置方式基本能满足水流顺畅、流速均匀的要求,各工况下前池流态平稳,能使水流平顺过渡进入进水前池及泵室,前池内平均流速基本小于 0.6 m/s,前池水面平稳,低水位多泵时在左右岸回流区水面有微凹陷,仅见表浅层存在连续缓慢旋流(为 2 类漩涡),满足前池水流特征有关技术要求。

(3)高水位运行时吸水池内水流顺直、稳定、流态基本均衡,水面有不明显的水面环流,无立式涡流出现(无 3 类漩涡),吸水管后有 2 类漩涡,整个流道流态较好,喇叭口附

图 4-12　高水位多泵吸水池段流态图

图 4-13　高水位多泵室段流态图

近吸水池内流速高水位时均小于 0.3 m/s，满足有关规范中的泵室水流特征技术要求。低水位单泵运行时泵室后侧水面偶有 3 类漩涡出现。

（4）由于滤网位置、吸水管喇叭口及导流楔体形式、尺寸、布置合理，它们对水流起到了较好的调整、理顺、导引作用，高水位、正常水位运行时吸水管喇叭口在径向、垂向进流状况基本均衡。吸水管喇叭口处示踪流线表明，喇叭口周边进流基本顺畅，受泵室末端垂向螺旋流影响，喇叭口后侧小部分进流不如前侧顺畅，但基本也能满足吸水管进流要求。

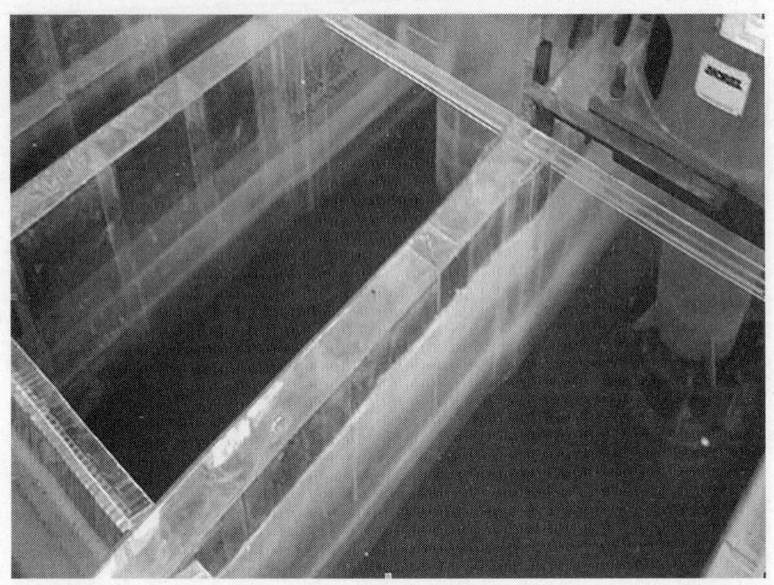

图 4-14　低水位单泵室段流态图

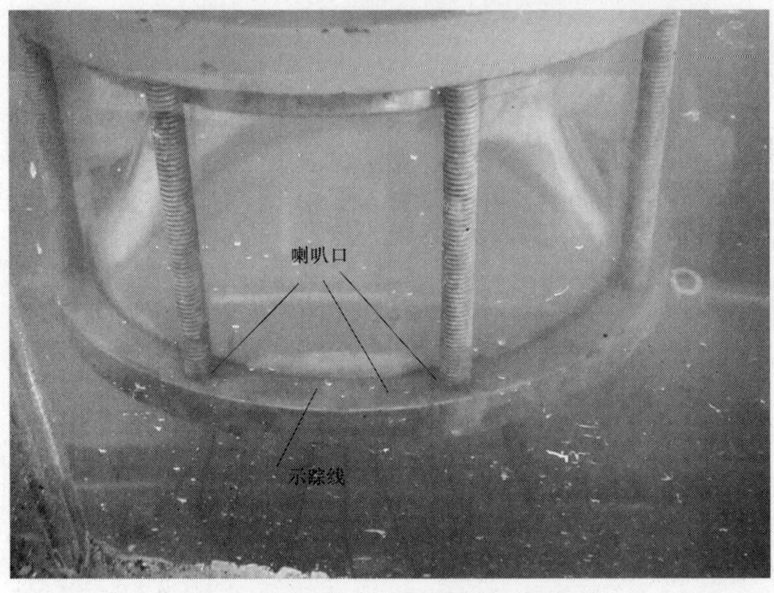

图 4-15　高水位多泵喇叭口进流流态图

第 5 章　海绵城市年径流总量控制率确定

第 1 节　问题提出

1　研究背景

城市化作为经济增长的强劲动力,对于推动区域均衡发展具有举足轻重的作用。它不仅是社会全面发展的必需条件,而且是人类文明进步的重要标志。然而,随着城市化进程的加速,城市发展面临着环境和资源的严峻挑战。传统的扩张型城市发展模式已经走到了尽头,无法再为城市的可持续发展提供有力支撑。

根据《国家新型城镇化规划(2014—2020 年)》,中国的城市化正站在新的历史起点上,需要转向以提升质量为核心的发展新阶段。这一转变不仅是时代的呼唤,更是人民的期望。为了实现这一目标,必须坚持走新型城市化的道路,解决城市化与环境保护之间的矛盾,以确保可持续发展。

在新型城市化的道路上,要坚持绿色发展理念,将环境保护纳入城市规划和建设的每一个环节。要推动产业结构优化升级,减少高污染、高能耗的产业,大力发展绿色低碳产业。要加强城市基础设施建设,提高城市综合承载能力,使城市成为宜居宜业的现代化都市。

同时,还要注重城乡统筹发展,打破城乡二元结构,促进城乡要素平等交换和公共资源均衡配置。要推进农业转移人口市民化,并让他们在城市中享有同等的权利和机会。要加强城市管理和服务创新,提高城市治理能力和服务水平,让人民群众在城市生活中感受到更多的幸福感和获得感。

在新型城市化的进程中,还要坚持以人为本的原则,关注人民群众的需求和利益。要努力改善民生福祉,提高人民群众的生活水平和生活质量。要加强社会保障体系建设,确保人民群众在城市化进程中的基本生活需求得到满足。还要推动教育、医疗等公共服务资源的均衡配置,让人民群众在城市化进程中享受到更加优质的公共服务。

海绵城市,这一富有诗意的名字,顾名思义,正是寓意着城市如同海绵般,拥有着独特的特性。这种特性使得城市在面临环境的变幻莫测和自然灾害的严峻挑战时,能够展现出超乎寻常的适应性和弹性。具体而言,海绵城市能够在降雨时,如同海绵般地吸收、储存水分,同时通过渗透和净化的过程,将雨水转化为可利用的水资源。而在干旱或缺水的时刻,这些被储存的水资源则能被释放并充分利用,为城市注入新的活力。

在建设海绵城市的过程中,应当严格遵循生态优先的原则。这意味着在城市建设的每一个环节,都应充分考虑生态环境的保护和恢复,让自然与城市和谐共生。同时,还需结合自然途径和人工措施,通过科学规划和精细设计,实现城市排水的安全与高效。这不仅确保了城市在极端天气下的安全稳定，更最大限度地促进了雨水在城市区域的积存、渗透和净化。

通过这样的方式，能够显著提高雨水资源的利用效率，使每一滴雨水都发挥出其应有的价值。与此同时，海绵城市的建设还能有效地保护生态环境，减少城市化进程对自然环境的破坏，让城市成为人与自然和谐共处的乐园。

海绵城市的构建策略，其精髓可精练为数个关键方面，每一方面都是海绵城市理念的基石，共同铸就了这一富有生机与活力的城市形态。

原生态环境的维护，就要确保城市中原有的河流、湖泊、湿地、池塘和沟渠等水生态关键区域得到最大程度的保护。这包括保留充足的林地、草地、湖泊和湿地，以维持水源涵养和应对极端降雨事件的能力，保持城市发展前自然水文条件的原貌。只有尊重自然、保护自然，才能在自然的怀抱中实现城市的和谐发展。

生态修复与重建，这是面对因传统城市化模式而受损的水体和其他自然环境的有力回应。要采取生态方法进行修复，恢复其自然功能，并确保一定比例的生态空间得以保留，以促进生物多样性和生态系统服务的恢复。让那些曾经因城市化进程而失去光彩的水体和自然环境重新焕发生机与活力。

低影响开发实践，这是遵循对城市生态环境影响最小化的建设理念。合理规划开发强度，确保城市内部有充足的生态空间，控制不透水表面的比例，减少对原有水生生态系统的负面影响。此外，根据实际需求，适度开发新的河流、湖泊和沟渠，扩大水域面积，以增强雨水的蓄积、渗透和净化能力。让城市在发展的同时，也能为自然留下更多的空间和可能性。

通过这些策略，海绵城市的建设旨在实现生态保护与城市发展的和谐共存，促进环境的可持续性和城市的韧性。在这个过程中，我们不仅要创造一个更加宜居、宜业的城市环境，更要为子孙后代留下一个生态友好、绿意盎然的美好家园。

在海绵城市的规划与实施中，必须综合考虑三大关键系统，它们相互交织、相互支持，共同构成了海绵城市基础设施的核心。这三大系统分别是低影响开发雨水系统、城市雨水管渠系统及超标雨水径流排放系统。

低影响开发雨水系统，它致力于通过雨水的渗透、储存、调节、转输和净化等手段，有效管理雨水径流量、峰值和污染问题。它通过自然过程，如渗透和净化，来减少对城市排水系统的压力，实现雨水资源的最大化利用。

城市雨水管渠系统，是一套传统的排水系统，它与低影响开发雨水系统紧密协作，共同负责雨水的收集、传输和排放。这种合作确保了雨水管理的效率和效果，为城市的正常运行提供了有力保障。

超标雨水径流排放系统，当雨水量超出常规排水系统的设计承载能力时，该系统便发挥着至关重要的作用。它通常利用自然水体、调蓄设施、行泄通道、调蓄池或深层隧道等，以自然或人工方式来处理过量的雨水，确保城市在极端天气条件下的安全与稳定。

这三个系统虽各有侧重，但它们共同构成了海绵城市的综合性体系。通过这种综合性的系统设计，海绵城市能够更有效地应对各种水文条件，同时促进生态平衡和城市可持续发展。在海绵城市的建设中，不仅要创造一个更加宜居、宜业的城市环境，而且要为子孙后代留下一个生态友好、绿意盎然的美好家园。

2　研究意义

2015 年 10 月,《国务院办公厅关于推进海绵城市建设的指导意见》(国办发〔2015〕75 号)明确了海绵城市的概念及定位。海绵城市指通过加强城市规划建设管理,充分发挥建筑、道路和绿地、水系等生态系统对雨水的吸纳、蓄渗和缓释作用,有效控制雨水径流,实现自然积存、自然渗透、自然净化的城市发展方式。海绵城市通俗地讲就是指城市像海绵一样,遇到降雨时就地渗透吸收,存蓄雨水,遇到干旱时再将蓄存的雨水"吐"出来,加以循环利用,缓解城市水危机。

海绵城市建设的途径有多种,但在前期都要编制城市总体规划,规划控制目标。规划控制目标一般包括径流总量控制、径流峰值控制、径流污染控制、雨水资源化利用等,但其他控制目标多可通过径流总量控制实现,各地常选择径流总量控制作为首要的规划控制目标,径流总量控制目标就是确定年径流总量控制率,所以因地制宜合理确定年径流总量控制率是海绵城市建设首要解决的关键问题。实施过程中,如何从生态、技术、经济等方面,合理选定生态修复技术措施,确定雨水下渗减排和资源化利用的比例是目前亟待解决的问题。

海绵城市已经成为各国城市建设的重要选择。不同国家提出了海绵城市建设理念,如英国采用源头入手一举两用,法国采用形态不一提升循环,日本采用建设储水池增强再利用,德国采用高效集水平衡生态,美国洛杉矶采用强化设计加快改建,并在仅 20 年内取得了可观的进步和发展。

国内的相关研究相对稍晚,直到 2013 年 12 月 12 日,习近平总书记在中央城镇化工作会议上首先提出要建设自然积存、自然渗透、自然净化的"海绵城市"。2014 年 2 月发布的《住房和城乡建设部城市建设司 2014 年工作要点》标志着"海绵型城市"概念首次正式在官方文件中出现。2015 年 4 月,财政部、住建部、水利部联合发文,公布了迁安、白城、镇江、嘉兴、池州、厦门、萍乡、济南、鹤壁、武汉、常德、南宁、重庆、遂宁、贵安新区和西咸新区 16 个海绵城市建设试点单位。自此海绵型城市建设工作正式在国内开始兴起。

要学习和借鉴发达国家海绵城市建设经验进行我国的城市建设,但是不同国家、不同城市地形地貌、水文特点、建筑密度、市政设施、气候特征等实际情况不一,建设指标及技术措施也不一样,所以要根据本国情况探索海绵城市建设。目前,国内制定了《海绵城市建设技术指南——低影响开发雨水系统构建(试行)》(简称《指南》),但对径流总量控制目标刚性控制指标——年径流总量控制率确定还处于初步阶段,《指南》中提出了大概范围,不能因地制宜、较准确地确定年径流总量控制率,对年径流总量控制率控制目标分解计算方法还不系统完善,从生态、技术、经济等方面,合理选取确定雨水下渗减排措施也需要进一步研究,而这些问题研究程度将影响海绵城市的建设实施与成效。

3　研究内容

3.1　年径流总量控制率主要影响因素分析

为准确掌握年径流总量控制率,需综合运用资料收集、理论分析与实地考察等手段。

开发建设前，地表类型极大影响径流排放，硬化地表与绿地截然不同；土壤性质决定了其对水分的吸纳和渗透能力；地形地貌如坡度、坡向，直接影响水流速度与汇流路径；植被覆盖率高的区域，可有效截留雨水，减少径流。在确定控制率时，要考虑当地水资源禀赋，即水资源的稀缺程度；降雨规律，包括降雨量、降雨频率和历时；开发强度，体现城市建设对地表的改变程度；低影响开发设施的利用效率，影响雨水管控效果；经济发展水平，制约相关设施建设投入。具体到地块或项目开发，建筑密度影响雨水下渗空间，绿地率直接关系着雨水吸纳能力，土地利用布局决定着不同功能区的雨水径流特点，都需综合考量。

3.2 典型城市年径流总量控制率确定

本章针对河南典型城市，如郑州、开封，依据当地实际确定年径流总量控制率。控制率有基本要求，低于此标准，无法有效管控雨水；但也并非越高越好，超过合理阈值，投资效益会急剧下降，造成设施规模过大、投资浪费。《指南》将我国大陆地区大致分为 5 个区，中原城市多属Ⅱ区和Ⅲ区。参考分区限值，结合当地地形、气候等条件，经深入比较分析，归纳出符合典型城市特点的年径流总量控制率。

3.3 对年径流总量控制率目标进行逐层分解，确定单位面积控制容积

借助水文、水力计算以及 SWMM 模型模拟等方法，精确计算低影响开发设施规模。将年径流总量控制率目标逐层细化分解，并不断验证其合理性。选用容积法、流量法或水量平衡法，经严谨的水力计算和模型验证，确定单位面积控制容积，为后续设施建设提供关键数据支持。

第 2 节　低影响开发雨水系统

海绵城市，是新一代城市雨洪管理概念，是指城市在适应环境变化和应对雨水带来的自然灾害等方面具有良好的“弹性”，也可称之为“水弹性城市”。下文分析海绵城市建设的几个途径：第一个途径是通过对湿地、湖泊、林地、草地采取不开发、少开发，留有足够涵养水源，实现对城市原有生态系统的保护；第二个途径是对已经开发的水体进行生态修复恢复；第三个途径是开发时进行低影响开发。

1 低影响开发雨水系统概念

低影响开发是指采用源头治理、中途分散等措施，维持场地开发前后水文特征相近，也称为低影响设计或低影响城市设计和开发。低影响开发的主要目的是维持场地开发前后水文特征相近，水文特征主要包括径流总量、峰值流量、峰现历史等。

采取渗透、储存等方式，维持开发后一定径流量不外排，确保径流总量开发前后不变；运用渗透、储存、调节等措施，削减峰值流量、延缓峰值历时，实现开发前后峰值流量相近。发达国家，绿化率较高，土地开发强度不大，可以在场地源头找足够场地，消解容纳开发后径流总量和峰值的增量。但是，我国国情是人口多，开发强度大，在源头难以实现开发前后径流总量和峰值的基本相同，需要同时在中途、末端采用相应有效措施，这样首、中、尾采取综合措施，使开发前后水文特征保持不变。图 5-1 为低影响开发概念示意图。

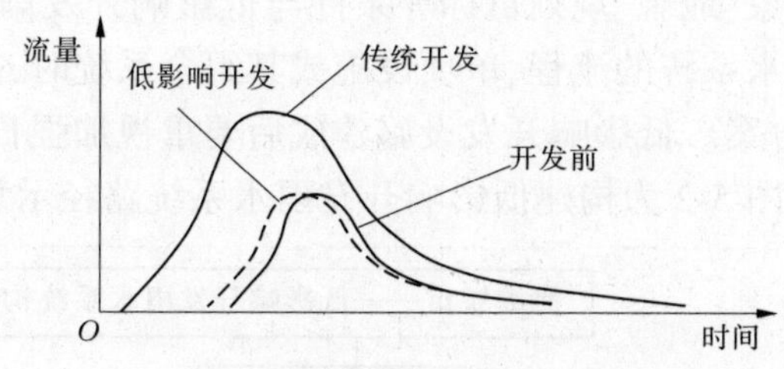

图 5-1　低影响开发概念示意图

在我国进行低影响开发,初期规划是从源头控制径流的,但随着城市发展中产生的水资源短缺、内涝、径流污染及用地紧张等问题,根据具体情况,低影响开发分别从源头、中途和末端考虑,采取削减、转输、调蓄等不同尺度的控制措施,通过渗、滞、蓄、净、用、排等多种技术,维持或恢复城市的"海绵"功能,实现城市良性水文循环。

2　低影响开发雨水系统构建的基本原则

海绵城市建设——低影响开发雨水系统构建的基本原则是规划引领、生态优先、安全为重、因地制宜、统筹建设。

(1)规划引领:在城市规划的各个层面和专业领域,以及在后续的建设过程中,海绵城市建设和低影响开发雨水系统的构建应被纳入规划,并在规划之后实施建设。这确保了规划的科学性、权威性,并发挥了规划的指导和控制作用。

(2)生态优先:在城市规划中,应合理划定保护区域,如河流、湖泊、湿地等水生态敏感区,并优先采用自然排水系统和低影响开发设施。这有助于实现雨水的自然积存、渗透、净化和可持续循环,增强水生态系统的自我修复能力,保护城市生态功能。

(3)安全为重:以保障人民生命财产和社会经济安全为首要任务,通过工程和非工程措施提升低影响开发设施的建设和管理水平,消除安全隐患,提高防灾减灾能力,确保城市水安全。

(4)因地制宜:根据各地区的自然地理条件、水文地质特征、水资源状况、降雨模式、水环境保护和内涝防治需求,合理确定低影响开发的目标和指标。科学规划布局,选择适合的低影响开发设施及其组合系统,如下沉式绿地、植草沟、雨水湿地、透水铺装和多功能调蓄设施。

(5)统筹建设:地方政府应结合城市总体规划,在各类建设项目中严格执行规划中确定的低影响开发目标、指标和技术要求。低影响开发设施应与主体工程同步规划、同步施工、同步投入使用,确保建设的协调性和一致性。

通过遵循这些原则,海绵城市建设能够实现雨水的有效管理,同时促进城市的生态平衡和可持续发展。

3　构建低影响开发雨水系统路径

在城市的建筑、道路、小区、绿地与广场及水系的规划设计阶段,考虑滨水带、景观水体等开放空间,建设有效海绵城市低影响开发措施,构成低影响开发雨水系统,建设低影响开发设施。而水汽气象、地貌、规划目标等条件与低影响开发雨水系统构建密切相关，因此选择低影响开发雨水系统的流程、单项设施或其组合系统时，需要从经济技术方面进行比较分析，优化设计方案。低影响开发设施建成后要重视加强日常维护管理，确保低影响开发设施运行正常。图5-2为构建低影响开发雨水系统路径示意图。

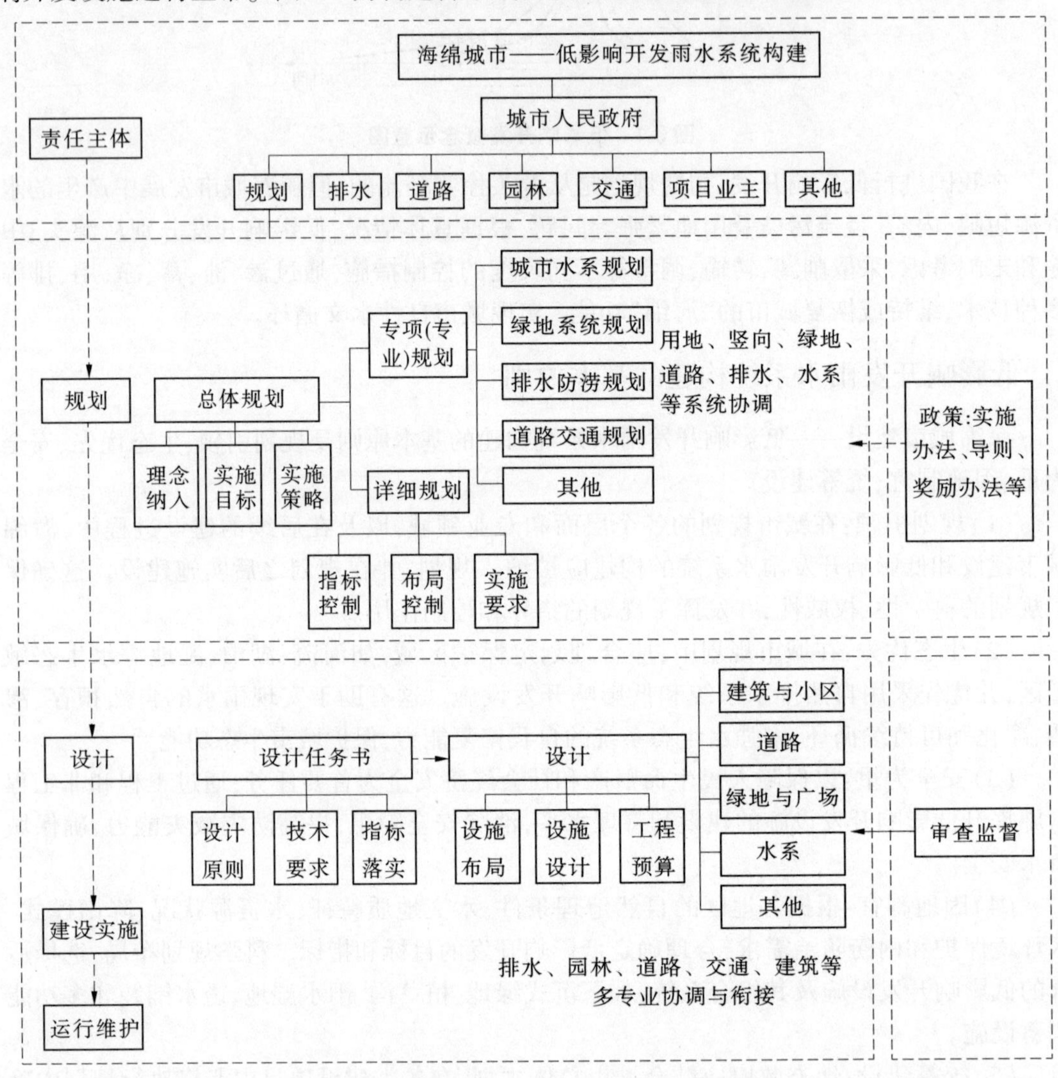

图5-2 构建低影响开发雨水系统路径示意图

4 构建低影响开发雨水系统流程

低影响开发雨水系统构建流程：首先搭建技术框架，然后进行控制目标和指标制定、建设用地选择与优化、低影响开发技术设施及其组合系统选择、设施布局、设施规模确定等关键技术环节处理。

4.1 技术框架

技术框架涵盖城市总体规划阶段、修建性详细规划阶段到设计、施工、运行管理及评估阶段。低影响开发雨水系统构建技术结构如图 5-3 所示。

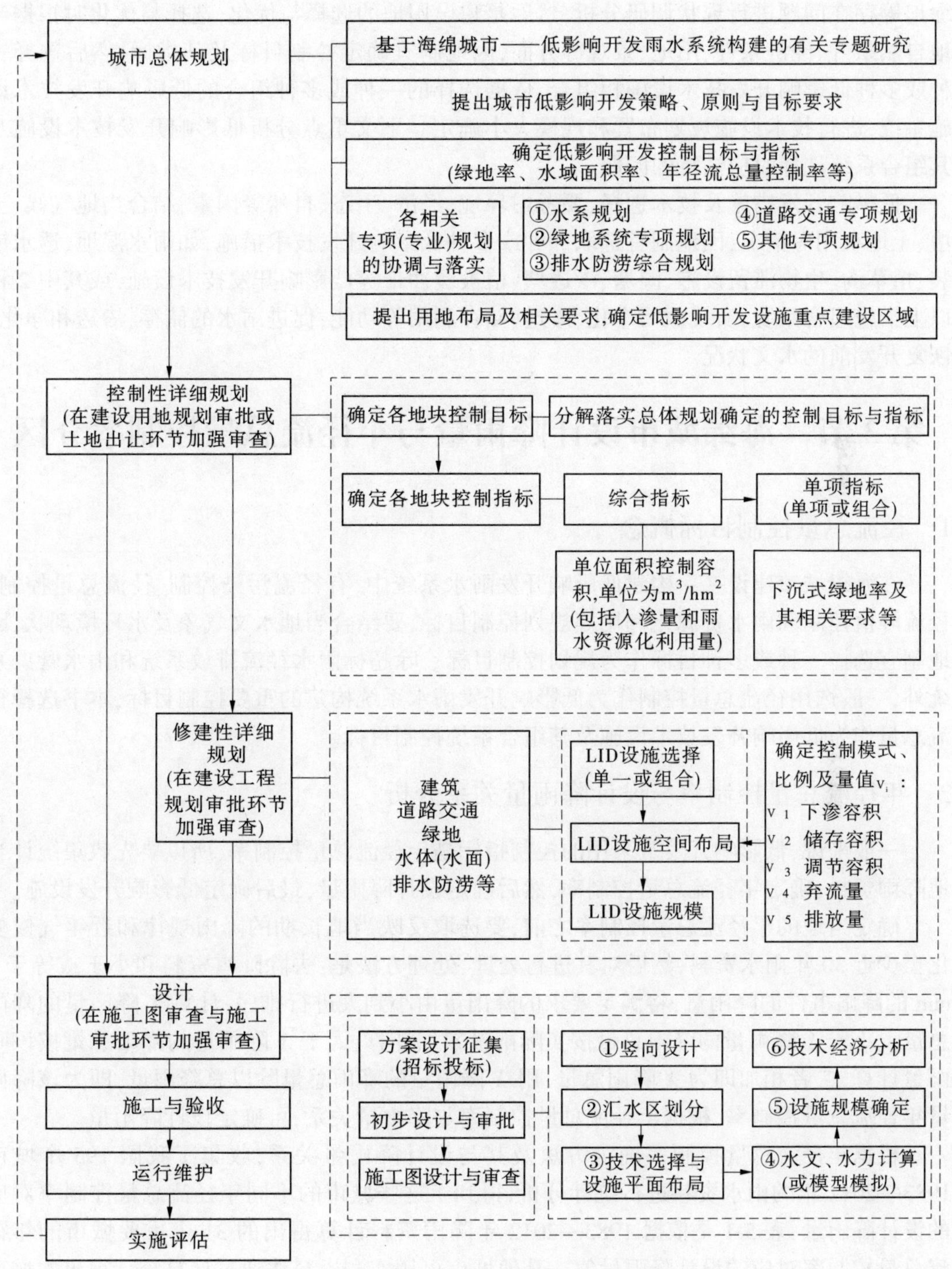

图 5-3　低影响开发雨水系统构建技术结构

4.2　关键技术环节

在进行低影响开发实施时,要首先对水文水资源、供水情况、水环境污染情况、管网、绿地等存在问题进行现状调研分析,然后是建设用地的选择与优化,选择与优化时根据当地自然条件、经济条件、用地、景观等方面,因地制宜确定控制目标及其指标;然后选择一种或多种低影响开发技术设施相组合,依据选择的一种或多种组合的低影响开发技术设施系统,进行技术设施规划布置和规模大小确定。下文重点分析低影响开发技术设施及其组合系统选择时应注意的问题。

低影响开发措施及技术选择,要考虑环境、经济、生态、自然等因素,结合当地气候、土壤、土地利用等情况,因地制宜选取一种或多种低影响开发技术措施,如雨水湿地、透水铺装、植草沟、生物滞留设施、湿塘、渗透塘、植被缓冲带等低影响开发技术设施,或其中 2 种以上措施组合系统,实现截污净化、渗透、储存利用等功能,促进雨水的储存、渗透和净化,恢复开发前的水文状况。

第 3 节　海绵城市设计降雨量与年径流总量控制率分区

1　径流总量控制目标概念

在海绵城市建设——构建低影响开发雨水系统中,有径流污染控制、径流总量控制、径流峰值控制和雨水资源化利用等规划控制目标,要结合当地水文气象及水环境现状,因地制宜选择一种或多种目标作为规划控制目标。除超标雨水径流排放系统和雨水管渠系统外,一般选用径流总量控制作为低影响开发雨水系统构建的重要控制目标,本书选择径流总量作为低影响开发技术设施及其组合系统控制目标。

2　年径流总量控制率与设计降雨量关系分析

一般来说,低影响开发常采用的控制指标是年径流总量控制率,所以要先收集统计当地降雨资料,确定年径流总量控制率,然后确定设计降雨量,最后确定低影响开发设施。

确定当地的年径流总量控制率之前,要选取反映当地长期的降雨规律和近年气候变化至少近 30 年雨水资料,然后对其进行处理,处理方法是:去除降雪资料和小于或等于 2 mm 的降雨事件的降雨量,将满足要求的降雨量由小到大进行排序,计算 X 降雨量的降雨总量。小于 X 降雨量的降雨总量按实际雨量累加计算,大于 X 降雨量的降雨总量按该降雨量计算,二者相加即为 X 降雨总量,用 X 降雨量的降雨总量除以总降雨量,即为该降雨量年径流总量控制率,根据年径流总量控制率与降雨量关系,可确定设计降雨量。

根据年径流总量控制率确定方法及其与设计降雨量关系,收集了我国 195 个城市 1983—2012 年的雨水资料进行统计分析,得到了这些城市的不同年径流总量控制率对应的设计降雨量,表 5-1 是依据 1983—2012 年降雨资料计算得出的 31 个重要城市的年径流总量控制率对应的设计降雨量值。其他城市可用实测资料法通过计算统计得出本城市的年径流总量控制率对应的设计降雨量值,如果当地雨水资料缺乏,也可以采用类比分析法,根据当地长期降雨规律和近年气候的变化,确定当地的设计降雨量值。

表 5-1　我国部分城市年径流总量控制率对应的设计降雨量一览表

城市	不同年径流总量控制率对应的设计降雨量/mm				
	60%	70%	75%	80%	85%
酒泉	4.1	5.4	6.3	7.4	8.9
拉萨	6.2	8.1	9.2	10.6	12.3
西宁	6.1	8.0	9.2	10.7	12.7
乌鲁木齐	5.8	7.8	9.1	10.8	13.0
银川	7.5	10.3	12.1	14.4	17.7
呼和浩特	9.5	13.0	15.2	18.2	22.0
哈尔滨	9.1	12.7	15.1	18.2	22.2
太原	9.7	13.5	16.1	19.4	23.6
长春	10.6	14.9	17.8	21.4	26.6
昆明	11.5	15.7	18.5	22.0	26.8
汉中	11.7	16.0	18.8	22.3	27.0
石家庄	12.3	17.1	20.3	24.1	28.9
沈阳	12.8	17.5	20.8	25.0	30.3
杭州	13.1	17.8	21.0	24.9	30.3
合肥	13.1	18.0	21.3	25.6	31.3
长沙	13.7	18.5	21.8	26.0	31.6
重庆	12.2	17.4	20.9	25.5	31.9
贵阳	13.2	18.4	21.9	26.3	32.0
上海	13.4	18.7	22.2	26.7	33.0
北京	14.0	19.4	22.8	27.3	33.6
郑州	14.0	19.5	23.1	27.8	34.3
福州	14.8	20.4	24.1	28.9	35.7
南京	14.7	20.5	24.6	29.7	36.6
宜宾	12.9	19.0	23.4	29.1	36.7
天津	14.9	20.9	25.0	30.4	37.8
南昌	16.7	22.8	26.8	32.0	38.9
南宁	17.0	23.5	27.9	33.4	40.4
济南	16.7	23.2	27.7	33.5	41.3
武汉	17.6	24.5	29.2	35.2	43.3
广州	18.4	25.2	29.7	35.5	43.4
海口	23.5	33.1	40.0	49.5	63.4

3　地域分布对设计降雨量的影响

我国按照年径流总量控制率 85% ，将设计降雨量按 A~F 六区分布。

A 区：主要位于我国西北偏北地区，包括新疆北部等区域。

B 区：分布在我国西北地区中部，涵盖甘肃、宁夏等部分地区。

C 区：大致在我国华北地区西部、中部以及东北地区西部等区域。

D 区：处于我国长江流域大部分地区，包括四川、重庆、湖北、湖南、江西、安徽等省份的部分或大部分地区。

E 区：位于我国东南沿海部分地区，如浙江、福建等省份部分区域。

F 区：在我国最南部，包括广东南部、海南等区域 。

根据表 5-1 及六区分布特点，可得出设计降雨量特征：

(1) 从西北到东南沿海，同一年径流总量控制率的设计降雨量变化很大，如西部天气干旱，85%年径流总量控制率对应的设计降雨量为 5~20 mm，设计降雨量很小，而在一些沿海地区，如广东、广西、海南等地，85%年径流总量控制率对应的设计降雨量很大，是西部地区的 3 倍还多，设计降雨量高达 60~85 mm，也就是随地域气候地貌变化，设计降雨量的地域变化较大。

(2) 从小兴安岭、大兴安岭、山西北部、陕西西部到四川盆地西侧、云南北部，有一条从东北穿过中部到西南的设计降雨量分界线，该分界线位于 B 区、C 区之间，分界线以上西北区，设计降雨量值小，且变化幅度不大，在 5~20 mm，分界线以下东南区，设计降雨量值大，且变化幅度较大，在 20~85 mm。

(3) 从西北到东南地区，由于不同区域地形地貌变化，不同年径流控制率对应设计降雨量变化较大，但由表 5-1 可以看出，从 60%到 85%不同年径流控制率，东南地区设计降雨量是西北地区的 6 倍左右。也就是说，设计降雨量地域分布受区域性地形地貌影响明显。

根据前文分析，由于不同地区地形地貌、气候、投资力度、需水量、绿化等不同，在确定各地方年径流总量控制率时不宜一刀切地按同一尺度要求，要分析当地地形地貌、气候、投资力度、需水量、绿化、人口等因素，考虑各地的情况确定当地年径流总量控制率。本书后面以开封地区为例，依据开封地区雨水资料及气候、经济等因素，确定开封不同地区的年径流总量控制率及设计降雨量，并对它们之间的关系进行对比分析。

4　设计降雨量影响的成因分析

4.1　设计降雨量与全年降雨的分布特征关系

表 5-2 为我国大陆地区代表城市的气候特征，图 5-4、图 5-5 分别是我国大陆地区代表城市不同降雨量区段的累计降雨场次在全年总降雨场次中的分布情况和我国大陆地区典型城市不同降雨量区段的累计雨量在全年总雨量中的分布情况，分析表 5-2 和图 5-4、图 5-5 可以看出：

(1) 日降雨量不小于 50 mm 时为强降雨量，日降雨量不大于 25 mm 时为中小降雨量，如强降雨量占年总降雨量的比例越大，或中小降雨量占年总降雨量的比例越小，则设计降雨量越大。相关研究表明，设计降雨量分界线与我国暴雨的分界线较为吻合，此边界东南为暴雨频发区，雨量大，西北主要为暴雨低发区，雨量小。

表 5-2　我国大陆地区代表城市气候特征

城市	海口	万源	上海	北京	哈尔滨	甘孜	拉萨	乌鲁木齐	和田
气候类型	热带季风气候	亚热带季风气候		温带季风气候		高原高山气候		温带大陆性气候	
干湿气候等级	湿润			半湿润			半干旱	干旱	极端干旱
年均降雨量/mm	1 668.8	1 234.5	1 123.6	527.4	501.8	602.2	413.9	269.4	35.2
85%年径流总量控制率对应的设计降雨量/mm	63.4	52.3	33.0	33.6	22.2	10.9	12.3	13.0	8.4
所属分区	F	E	D	D	C	B	B	B	A

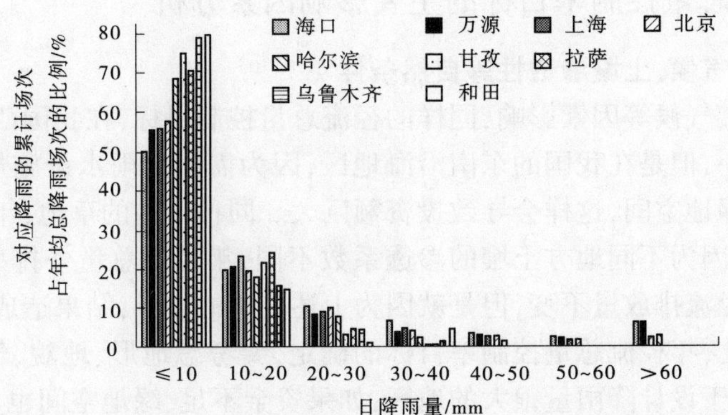

图 5-4　我国大陆地区代表城市不同降雨量区段的累计降雨场次在全年总降雨场次中的分布情况

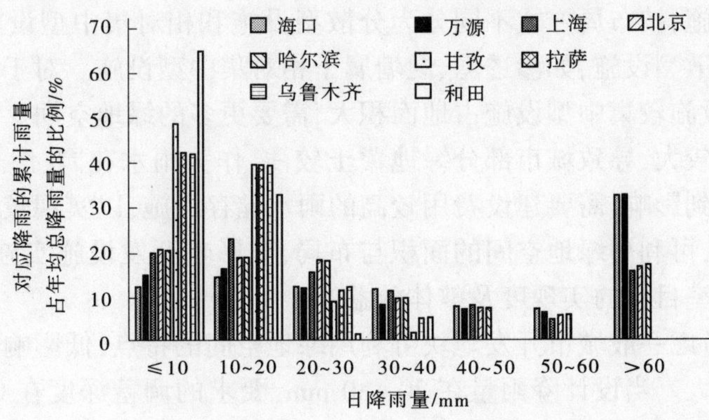

图 5-5　我国大陆地区典型城市不同降雨量区段的累计雨量在全年总雨量中的分布情况

(2)设计降雨量与强降雨的雨量占全年总雨量的比例密切相关，与年均降雨量无必然关系。也就是说,气候相同、降雨量相近情况下,若强降雨量占全年总降雨量的权重接近,则设计降雨量相近;反之,设计降雨量相差较大。因此,不同城市全年降雨的分布特征是形成设计降雨量地域分布不同的直接原因,与年均降雨量关系不大。

4.2　设计降雨量与气候、地形地貌的特征关系

上述降雨量分区中的 B 区及 C 区之间的设计降雨量分界线,与我国季风气候、非季风气候的边界及干、湿气候边界接近,季风气候和地形地貌影响我国暴雨分布,我国地形地貌及气候的复杂多变性,导致设计降雨量的地域变化较大,注定了设计降雨量地域跨度变化较大,因此在我国设计降雨量地域跨度分布变化如此大的根本原因是气候和地形地貌。

4.3　特殊需求

对于用地紧张、水资源短缺、径流污染严重、城市内涝频繁的地区,在特定条件下,通过不同方案的技术经济分析,并且通过提高年径流总量控制率,最终达到规划的内涝防治目标和污染控制目标。

5　确定年径流总量控制率目标的主要影响因素分析

5.1　地形、地貌、气候、土壤渗透性等自然条件

受地形、地貌、气候等因素影响,同样的径流总量控制目标,在我国西部地区所需雨水设施的规模会较小,但是在我国的东南沿海地区,因为需要的雨水设施规模较大,而且还需要大量的城市绿地空间,这样会导致投资额巨大。同种类型的草地,年径流控制率不一定相同,这主要是因为不同地方土壤的渗透系数不同、年径流总量外排率不同,虽然要求维持的开发前后径流排放量不变,但是就因为上述分析的差异,结果造成年径流总量控制率目标不同。因此,年径流总量控制率目标的确定,要考虑地形、地貌、气候、土壤渗透类型等自然条件,对于设计降雨量很大的地区,如果资金不足、绿地空间也不够,就可以降低年径流总量控制率目标,年径流总量控制率可适当小些。

5.2　绿地空间

低影响开发设施,按布局方式不同分为分散型设施和相对集中型设施,如雨水花园、下沉式绿地属于分散型设施,如渗透塘、湿塘属于相对集中型设施。对于同样的径流总量控制目标,分散型设施较集中型设施占地面积大,需要更多的绿地空间。如果城市开发向地下空间发展潜力较大,导致城市部分绿地覆土较浅,作为雨水花园、渗透塘等典型雨水渗透设施的效果受到影响,需要建设费用较高的雨水储存设施,以实现较高的年径流总量控制率目标。因此,可利用绿地空间的面积与布局,低影响开发设施实施的难易程度,影响年径流总量控制率目标的实现度及整体效益。

一般情况下,考虑一般城市开发地块可利用绿地空间的特点,低影响开发设施占绿地面积的比例不宜过大。当设计降雨量在 20~30 mm,要求的调蓄深度在 0.25~0.5 m 时,设施占绿地面积的比例小于 30%为宜,这样低影响开发设施面积容易实现。低影响开发设施面积占绿地面积比例见表 5-3。

表 5-3　低影响开发设施面积占绿地面积比例

项目		居住用地				工业用地			
设计降雨量/mm		10	20	30	40	10	20	30	40
单独采用雨水花园时	设施面积占绿地面积的比例/%	9	18	27	36	21	42	63	84
单独采用渗透塘时	设施面积占绿地面积的比例/%	4.5	9	13.5	18	10.5	21	31.5	42

注:绿地、屋面和硬化地面的雨量径流系数分别取 0.15、0.9、0.9。

6　分析确定年径流总量控制率控制目标

年径流总量控制率需合理设定,过高或过低都有弊端。数值太低,海绵城市无法有效发挥对雨水的管控和利用作用;数值过高,大量收集雨水会致使原有水体萎缩,破坏水系统的良性循环。同时,年径流总量控制率过高会加大设施规模,提高投资成本,一旦超出合理范围,投资效益便会急剧下降。

确定年径流总量控制目标时,要综合多方面因素:

(1)绿地年径流总量外排率。借鉴发达国家经验,绿地年径流总量外排率在 15%~20% 时,对应的年径流总量控制率最佳为 80%~85%。

(2)当地自然状况。水资源、降雨规律、地表、气候、植被、土壤等因素,都会影响年径流总量控制率。通过分析这些因素,依据开发前后径流排放量不变的原则,科学确定控制率。

(3)当地实际条件。确定年径流总量控制率还需考虑当地经济发展水平、开发强度和低影响开发设施利用效率。经济实力决定资金投入,开发强度影响地表径流,设施利用效率关乎雨水管控效果。

基于以上分析,干旱半干旱的西部地区,雨水资源化利用需求大且有排水防涝要求,若经济条件允许,可适当提高径流总量控制目标;而广西、广东、海南等雨量充沛、极端暴雨多的沿海地区,过高的年径流控制率易造成效益降低和投资浪费,可适当降低径流总量控制目标。

7　划分年径流总量控制率区域

7.1　划分年径流总量控制率不同区域的依据

(1)考虑不同地区设计降雨量的变化特征。我国从东南沿海到西北部,设计降雨量由大到小变化很大,东南沿海设计降雨量高于西北部设计降雨量。

(2)根据发达国家多年实践经验,年径流总量控制率适宜控制在 80%~85%为佳。

(3)考虑我国复杂地形地貌、气候、土壤渗透性等不同地区自然条件。

(4)不同地区城市绿地空间对低影响开发设施实施难易程度,是对年径流总量控制率划分区域时要考虑的一个因素。

(5)不同地区防洪排涝特殊性及雨水资源利用不同,是对年径流总量控制率划分区域时要考虑的一个因素。

7.2 年径流总量控制率五区划分

年径流总量控制率影响因素较多,年径流总量控制率选取时不是越高越好,太高会造成设施规模过大、投资浪费,年径流总量控制率选取也不能太低,太低起不到控制径流的作用。借鉴国外经验,年径流总量控制率取值为80%~85%较好,对于新建城区,要求年径流总量控制率不低于60%。为了给全国不同地区低影响开发年径流总量控制率建设提供参考,《指南》中统计分析了我国200个城市近30年日降雨量,对年径流总量控制率进行分区,共分为五区。

具体分区的方法为:Ⅰ区,设计降雨量小于20 mm,降雨量在5.5~5.0 mm,年径流总量控制率在85%~90%;Ⅱ区,设计降雨量小于30 mm,降雨量在16.8~29.8 mm,年径流总量控制率在80%~85%;Ⅲ区,设计降雨量小于40 mm,降雨量在20.8~36.7 mm,年径流总量控制率在75%~85%;Ⅳ区,设计降雨量小于55 mm,降雨量在20.7~52.3 mm,年径流总量控制率在70%~85%;Ⅴ区,设计降雨量小于85 mm,降雨量在22.1~84.6 mm,年径流总量控制率在60%~85%。

不同分区年径流总量控制率对应设计降雨量范围和分布区域特点,分析情况见表5-4。

表5-4 不同分区年径流总量控制率及其设计降雨量范围

分区	年径流总量控制率/%	设计降雨量 H/mm	分布及主要城市
Ⅰ区	85%≤α≤90%	5.5~5.0	西北、东北地区,占大陆面积的58.3%左右
			乌鲁木齐、西宁、兰州、拉萨、银川等
Ⅱ区	80%≤α≤85%	16.8~29.8	东北到西南带状分布,占大陆面积的17.3%左右
			齐齐哈尔、哈尔滨、长春、太原、呼和浩特、西安、延安、成都、西昌、丽江、昆明等
Ⅲ区	75%≤α≤85%	20.8~36.7	分布较散,占大陆面积的12.9%左右
			北京、石家庄、郑州、宜昌、重庆、贵阳、长沙、福州、合肥、南京、上海、杭州等
Ⅳ区	70%≤α≤85%	20.7~52.3	主要在东、南地区,占大陆面积的9.9%左右
			济南、徐州、商丘、信阳、武汉、南昌、万源、南宁、桂平、夏门等
Ⅴ区	60%≤α≤85%	22.1~84.6	南方沿海地区,占大陆面积的1.6%左右
			广州、海口等

从表5-4中可以看出,从我国偏干旱的西北到雨量较多的东南沿海,年径流总量控制率呈下降趋势,设计降雨量则逐渐增大。河南省年径流总量控制率从西部到东部分属于Ⅱ区、Ⅲ区、Ⅳ区,其中居于Ⅳ区较多。不同地区影响年径流总量控制率主要因素不一样,年径流总量控制率大小也不一样,其对应的设计降雨量及设施规模不同,因此针对每一地区都应经济合理选定其对应的年径流总量控制率及设计降雨量。

7.3　应用时的注意事项

各个地区根据相应地区年径流总量控制率范围,以及各地情况确定年径流总量控制率目标,一般尽可能取年径流总量控制率上限,有时候为了防治内涝,年径流控制率取值可以超过当地给的上限最大值。

但是,对于有些地区,受空间、绿地、建筑、土壤及经济等因素影响,无法达到规定的本区域年径流控制率的范围,可适当降低径流总量控制目标,对于旧城区,年径流总量控制率大于原有水平或规划水平,对于新建设城区,年径流总量控制率一般大于60%。

8　小结

(1)以径流总量为控制目标,确定年径流总量控制率。根据年径流总量控制率与设计降雨量的对应关系,内插法确定设计降雨量,然后根据设计降雨量大小,确定低影响开发设施的设计规模。

(2)我国地域辽阔,气候复杂多样,地形地貌相差很大,据此,根据年径流总量控制率85%对应的不同地区设计降雨量变化,把设计降雨量分为6个区;而年径流总量控制率与设计降雨量有对应的关系,因此根据不同设计降雨量对应的年径流总量控制率不同,把我国大陆地区根据年径流总量控制率大小划分为5个区,并给出了各地典型城市年径流总量控制率范围值。

(3)年径流总量控制率影响因素较多,年径流总量控制率选取时不是越高越好,太高造成设施规模过大、投资浪费,年径流总量控制率选取也不能太低,太低起不到控制径流的作用。借鉴国外经验,年径流总量控制率取值为80%~85%较好,对于新建城区,要求年径流总量控制率不低于60%。

第4节　典型城市年径流总量控制率确定

1　确定年径流总量控制率的方法步骤

1.1　对降雨进行归纳

收集当地气象部门提供的不少于30年的实测降雨资料,统计出总天数,去除降雪天数和降雨量小于2 mm的降雨天数,对满足《指南》要求的降雨量按照从小到大的顺序排列。

1.2　利用Excel统计计算年径流总量控制率

利用Excel对降雨数据进行计算,计算示例见表5-5。通过Excel进行数据计算,第(1)列到第(8)列的计算过程及说明如下。

(1)设置不同的降雨强度的层级,层级设置时应注意:①要扣除小于或等于2 mm的降雨事件的降雨量;②根据降雨强度的范围设置不同的降雨强度的层级,层级是可变的,一般随着降雨量增大而增大;③层级一般为1、2、5、10、20、50……

(2)利用Excel筛选功能,对满足降雨量中小于 X mm的降雨量进行累加求和,即第(2)列值。

表 5-5 年径流总量控制率 Excel 计算示例

控制降雨量 X/mm	累计降雨量/mm	累计频率/%	单个频率/%	小于该降雨量次数/次	大于或等于该降雨量次数/次	控制降雨总量/mm	控制率/%
(1)	(2)	(3)	(4)	(5)	(6)	(7)	(8)
3							
4							
…							
≥最大值							

(3)用第(2)列值/累加总和×100%,计算小于 X mm 的降雨量累计频率,即第(3)列值。

(4)用 X mm 对应的降雨量累计频率减去相邻上一个较小的降雨量累计频率,计算对应 X mm 的降雨量单个频率,即第(4)列值。

(5)利用从 Excel 筛选功能,统计小于 X mm 降雨量的次数,即第(5)列值。

(6)用 Excel 统计满足降雨要求的降雨总次数减去小于该降雨量的次数即第(5)列数值,计算大于 X mm 降雨量的次数,即第(6)列值。

(7)根据《指南》要求,小于控制降雨量 X 的值,按小于 X 值的真实雨量累加计算出降雨总量,大于降雨量 X 的值按该降雨量乘以大于或等于该降雨量次数,计算出降雨总量。即第(2)列值+第(1)列值×第(6)列值即为第(7)列值。

(8)用第(7)列值/累加总和×100% ,计算对应的控制率,即为第(8)列值。

1.3 根据计算结果绘制年径流总量控制率与设计降雨量关系曲线

根据 Excel 表计算的年径流总量控制率数据,绘制年径流总量控制率与设计降雨量关系曲线(见图 5-6),由设计的年径流总量控制率确定设计降雨量。也可以根据实际所需年径流总量控制率数据,内插得到控制雨量数值。

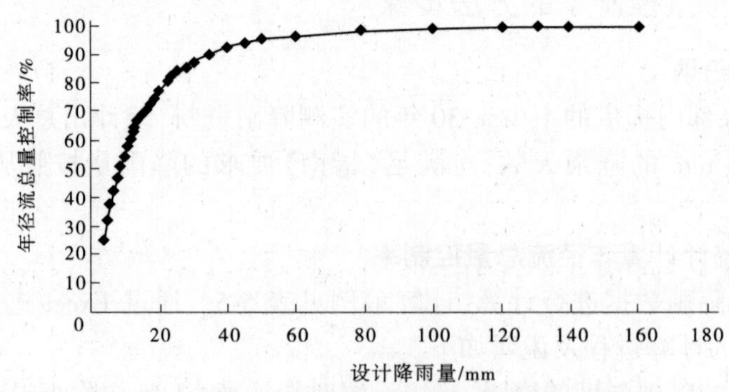

图 5-6 年径流总量控制率与设计降雨量关系曲线

2 中原地区年径流总量控制率与设计降雨量计算

2.1 河南省三门峡市年径流总量控制率与设计降雨量计算

表 5-6 是通过统计学方法计算的三门峡市年径流总量控制率及其降雨量。

表 5-6　三门峡市年径流总量控制率及其降雨量

控制降雨量/mm	累计降雨量/mm	累计频率/%	单个频率/%	小于该降雨量次数/次	大于或等于该降雨量次数/次	控制降雨总量/mm	控制率/%
3	390.4	2.6	2.6	198	1 202	3 997.7	26.1
4	855.2	5.58	3.03	364	1 036	5 002.463	32.61
5	1 297.9	8.46	2.89	486	914	5 869.912	38.26
6	1 743.4	11.37	2.90	586	814	6 625.076	43.19
7	2 214.1	14.43	3.07	676	724	7 279.319	47.45
8	2 517.0	16.41	1.98	727	673	7 902.691	51.52
9	2 857.9	18.63	2.22	778	622	8 463.172	55.17
10	3 132.3	20.42	1.79	813	587	9 000.367	58.67
12	3 868.9	25.22	4.80	896	504	9 916.949	64.65
14	4 695.0	30.61	5.39	975	425	10 642.25	69.37
16	5 300.4	34.55	3.95	1 026	374	11 290.81	73.60
18	6 088.9	39.69	5.14	1 084	316	11 791.3	76.87
20	6 867.4	44.77	5.08	1 134	266	12 195.47	79.50
22	7 476.9	48.74	3.97	1 170	230	12 545.72	81.78
24	7 881.9	51.38	2.64	1 192	208	12 893.15	84.05
26	8 614.1	56.15	4.77	1 228	172	13 106.96	85.44
28	8 850.3	57.69	1.54	1 238	162	13 386.35	87.26
30	9 016.8	58.78	1.09	1 245	155	13 660.86	89.05
35	9 850.8	64.22	5.44	1 278	122	14 134.83	92.14
40	11 047.5	72.02	7.80	1 317	83	14 359.56	93.61
45	11 541.2	75.24	3.22	1 332	68	14 619.24	95.30
50	11 820.3	77.05	1.82	1 339	61	14 880.3	97.00
55	12 275.7	80.02	2.97	1 350	50	15 047.78	98.09
60	12 505.2	81.52	1.50	1 357	43	15 097.28	98.42
65	13 044.1	85.03	3.51	1 368	32	15 150.16	98.76
70	13 928.5	90.80	5.77	1 382	18	15 188.57	99.01
75	14 143.4	92.20	1.40	1 386	14	15 223.47	99.24
80	14 701.2	95.84	3.64	1 393	7	15 277.29	99.59
140	14 802.5	96.49	0.66	1 396	4	15 306.51	99.78
160	15 340.2	100	3.51	1 400	0	15 340.2	100

2.2　中原典型城市年径流总量控制率及对应的设计降雨量关系分析

2.2.1　年径流总量控制率及对应的设计降雨量关系

在Ⅱ区、Ⅲ区、Ⅳ区选三门峡、南阳、郑州、新乡、濮阳、商丘、信阳等中原典型城市，根据年径流总量控制率确定方法，统计计算得出 7 个城市年径流总量控制率与设计降雨量关系，确定中原地区典型城市年径流总量控制率对应的设计降雨量（见表 5-7），根据表 5-7 计算结果可绘制出中原典型城市年径流总量控制率与设计降雨量关系（见图 5-7）。

表 5-7　中原典型城市年径流总量控制率对应的设计降雨量　　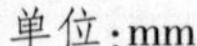单位:mm

城市	年径流总量控制率				
	60%	70%	75%	80%	85%
三门峡	10.1	14.0	16.8	20.0	25.5
南阳	10.8	14.8	17.4	20.9	25.8
郑州	14.0	19.5	23.1	27.8	34.3
新乡	14.8	20.3	24.1	28.2	34.6
濮阳	16.6	23.1	27.6	33.4	41.2
商丘	16.9	23.5	28.1	33.9	41.8
信阳	17.3	24.5	28.8	34.7	42.7

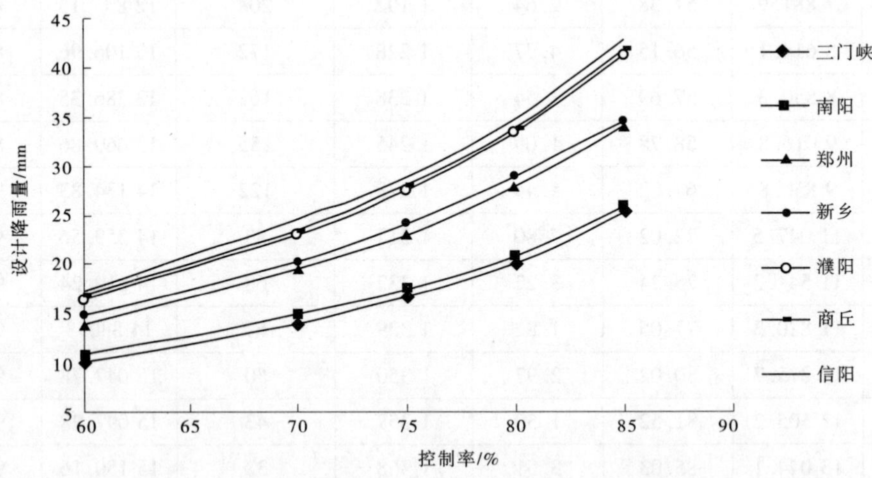

图 5-7　中原典型城市年径流总量控制率与设计降雨量关系

由表 5-7、图 5-7 可以看出：①设计降雨量随年径流控制率的增大而增大；②同一年径流总量控制率，不同地区设计降雨量差别大，从西部、中部到东部对应的设计降雨量增大，如同样年径流控制率为 85%，三门峡市设计降雨量为 25.5 mm，信阳市为 42.7 mm，信阳市雨水设施规模为三门峡市的 1.67 倍；③当年径流控制率超过 80%以后，年径流控制率增加 6%左右，其设计降雨量增大 23%左右，也就是说，雨水设施规模提升率是年径流控制率提升率的近4倍。

2.2.2　河南省年径流总量控制率各区特点分析

从表5-4中可以看出,河南省年径流总量控制率从西部、中部到东部为Ⅱ区、Ⅲ区、Ⅳ区,其中居于Ⅱ区、Ⅳ区较多。西部山区为Ⅱ区,该区植被条件好,属大陆湿润、半湿润气候,主要城市有三门峡、南阳、济源、焦作等市;中部平原地区为Ⅲ区,该区降雨量适中,经济发展适中,植被条件一般,主要城市有新乡、郑州等市;东部平原地区为Ⅳ区,该区降雨量大,水资源较丰富,地下水位高,经济发展不如中部,植被条件一般,主要城市有安阳、驻马店、信阳、商丘、周口、漯河等市。

2.2.3　河南省不同分区年径流总量控制率及设计降雨量选定分析

河南省西部山区属于Ⅱ区,年径流总量控制率为$80\% \leqslant \alpha \leqslant 85\%$,考虑其植被、地形地貌及气候条件,可利用其天然条件增加年径流总量控制率,建议年径流总量控制率可取范围上限85%;中部平原地区属于Ⅲ区,年径流总量控制率范围为$75\% \leqslant \alpha \leqslant 85\%$,考虑最佳年径流总量控制率范围及年径流控制率超过80%以后投资成本增大,投资效益不明显,年径流总量控制率应较Ⅱ区值要减小,建议年径流总量控制率可取范围中值80%;东部平原地区属于Ⅳ区,年径流总量控制率范围为$70\% \leqslant \alpha \leqslant 85\%$,考虑雨量较多,地下水资源较丰富,经济发展制约及投资效益因素,年径流控制率不能太大,否则规模设施增大而效益降低,年径流控制率较Ⅲ区要减小,建议年径流总量控制率可取75%。

由年径流总量控制率,根据表5-7就可以确定不同分区对应的设计降雨量,从表5-7中可以看出,河南省从西部到东部,Ⅱ区设计降雨量近26 mm,Ⅲ区、Ⅳ区设计降雨量为28 mm左右。控制率对应设计降雨量控制在26~28 mm,对应的雨水规模设施基本相当。

3　开封市年径流总量控制率与设计降雨量计算分析

根据年径流总量控制率计算步骤,选河南开封市年降雨资料,计算、比较、分析得出开封市年径流总量控制率与设计降雨量。计算结果见表5-8。

表5-8　开封市年径流总量控制率与设计降雨量计算结果

控制降雨量/mm	累计降雨量/mm	累计频率/%	单个频率/%	小于该降雨量次数/次	大于或等于该降雨量次数/次	控制降雨总量/mm	控制率/%
3	133.9	2.55	2.55	55	334	1 135.9	21.59
4	293.3	5.58	3.03	101	288	1 445.3	27.47
5	445.1	8.46	2.89	135	254	1 715.1	32.60
6	597.9	11.37	2.90	163	226	1 953.9	37.14
7	759.3	14.43	3.07	188	201	2 166.3	41.18
8	863.2	16.41	1.98	202	187	2 359.2	44.85
9	980.1	18.63	2.22	216	173	2 537.1	48.23
10	1 074.2	20.42	1.79	226	163	2 704.2	51.40

续表 5-8

控制降雨量/mm	累计降雨量/mm	累计频率/%	单个频率/%	小于该降雨量次数/次	大于或等于该降雨量次数/次	控制降雨总量/mm	控制率/%
12	1 326.8	25.22	4.80	249	140	3 006.8	57.16
14	1 610.1	30.61	5.39	271	118	3 262.1	62.01
16	1 817.7	34.55	3.95	285	104	3 481.7	66.18
18	2 088.1	39.69	5.14	301	88	3 672.1	69.80
20	2 355.1	44.77	5.08	315	74	3 835.1	72.90
22	2 564.1	48.74	3.97	325	64	3 972.1	75.51
24	2 703.0	51.38	2.64	331	58	4 095.0	77.84
26	2 954.1	56.15	4.77	341	48	4 202.1	79.88
28	3 035.1	57.69	1.54	344	45	4 295.1	81.65
30	3 092.2	58.78	1.09	346	43	4 382.2	83.30
35	3 378.2	64.22	5.44	355	34	4 568.2	86.84
40	3 788.6	72.02	7.80	366	23	4 708.6	89.51
45	3 957.9	75.24	3.22	370	19	4 812.9	91.49
50	4 053.6	77.05	1.82	372	17	4 903.6	93.21
55	4 209.8	80.02	2.97	375	14	4 979.8	94.66
60	4 322.8	82.17	2.15	377	12	5 042.8	95.86
65	4 507.6	85.68	3.51	380	9	5 092.6	96.80
70	4 776.6	90.80	5.11	384	5	5 126.6	97.45
75	4 850.3	92.20	1.40	385	4	5 150.3	97.90
80	5 007.3	95.18	2.98	387	2	5 167.3	98.22
100	5 007.3	95.18	0	387	2	5 207.3	98.98
120	5 110.6	97.15	1.96	388	1	5 230.6	99.43
140	5 110.6	97.15	0	388	1	5 250.6	99.81
160	5 260.7	100.00	2.85	389	0	5 260.7	100.00

根据开封市多年降雨资料，同样计算可得出开封市其他县镇兰考、杞县、尉氏、通许的年径流总量控制率与设计降雨量关系(见表 5-9、图 5-8)。由表 5-9 和图 5-10 可以看出，按照中原地区年径流控制率建议值，开封市属于Ⅳ区，当年径流控制率取 75%时，开封市设计降雨量可取值 22 mm，尉氏、通许设计降雨量可分别取值 26 mm、27 mm。在同样年径流控制率情况下，设计降雨量从东北部到东南部有增大的趋势，开封市设计降雨量取值及变化趋势与前文分析的中原地区特点及变化规律基本吻合。

表 5-9　开封市年径流总量控制率与设计降雨量关系　单位:mm

区域	年径流总量控制率					
	60%	65%	70%	75%	80%	85%
开封	13.17	15.43	18.13	21.61	26.14	32.40
兰考	14.00	16.83	20.00	24.00	30.00	38.10
杞县	14.39	16.99	20.10	24.07	29.14	36.02
尉氏	15.36	18.20	21.64	25.86	31.69	40.36
通许	15.59	18.55	22.12	26.69	32.99	43.03

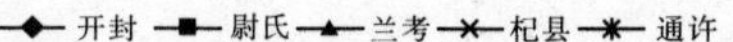

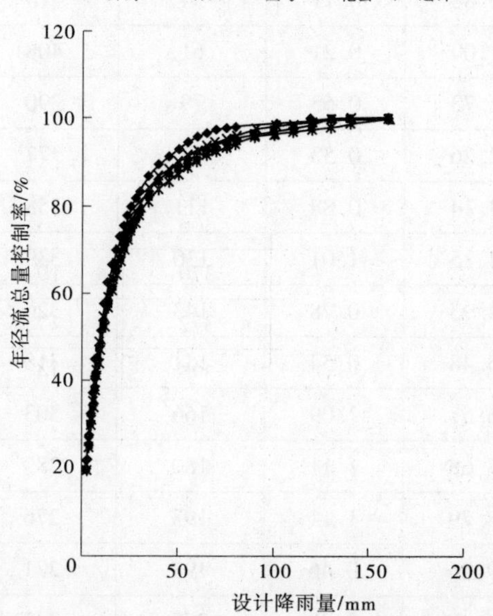

图 5-8　开封市年径流总量控制率与设计降雨量关系图

4　日设计降雨量与月设计降雨量关系

用于控制低影响开发设施规模的设计降雨量,常用日降雨量表示,设计日降雨量是根据当地多年日降雨量资料计算年径流控制率,然后由年径流控制率确定,单位为 mm。

由于日降雨量具有随机性,用日降雨量作为设计降雨量确定的径流控制措施规模易偏大或偏小,且不能考虑雨量蓄存调配作用,建议考虑用月设计降雨量作为径流控制措施规模设计的依据。根据开封市月设计降雨量资料,可得出月设计降雨量与年径流总量控制率关系分析(见表 5-10~表 5-14 及图 5-9~图 5-13)。

(1)兰考县张君墓有效统计总天数(次数)469 次。

表 5-10 兰考县张君墓年径流总量控制率与月设计降雨量计算结果

控制降雨量/mm	累计降雨量/mm	累计频率/%	单个频率/%	小于该降雨量次数/次	大于或等于该降雨量次数/次	控制降雨总量/mm	控制率/%
3	18.00	0.06	0.06	7	462	1 404	4.44
4	56.00	0.18	0.12	18	451	1 860	5.88
5	88.60	0.28	0.10	25	444	2 308.6	7.30
6	142.10	0.45	0.17	35	434	2 746.1	8.68
7	187.10	0.59	0.14	42	427	3 176.1	10.04
8	244.90	0.77	0.18	50	419	3 596.9	11.37
9	278.50	0.88	0.11	54	415	4 013.5	12.69
10	345.80	1.09	0.21	61	408	4 425.8	13.99
12	545.80	1.73	0.63	79	390	5 225.8	16.52
14	714.30	2.26	0.53	92	377	5 992.3	18.94
16	994.00	3.14	0.88	111	358	6 722	21.25
18	1 312.80	4.15	1.01	130	339	7 414.8	23.44
20	1 561.00	4.93	0.78	143	326	8 081	25.54
22	1 732.40	5.48	0.54	151	318	8 728.4	27.59
24	2 077.50	6.57	1.09	166	303	9 349.5	29.55
26	2 429.60	7.68	1.11	180	289	9 943.6	31.43
28	2 780.60	8.79	1.11	193	276	10 508.6	33.22
30	2 925.60	9.25	0.46	198	271	11 055.6	34.94
35	3 873.90	12.24	3.00	227	242	12 343.9	39.02
40	4 555.20	14.40	2.15	245	224	13 515.2	42.72
45	5348.30	16.90	2.51	264	205	14 573.3	46.06
50	5 817.10	18.39	1.48	274	195	15 567.1	49.20
55	6 601.70	20.87	2.48	289	180	16 501.7	52.16
60	7 406.80	23.41	2.54	303	166	17 366.8	54.89
65	7 900.60	24.97	1.56	311	158	18 170.6	57.43
70	8 775.80	27.74	2.77	324	145	18 925.8	59.82
75	9 357.60	29.58	1.84	332	137	19 632.6	62.06
80	9 900.50	31.29	1.72	339	130	20 300.5	64.17
90	11 604.00	36.68	5.38	359	110	21 504	67.97

续表 5-10

控制降雨量/mm	累计降雨量/mm	累计频率/%	单个频率/%	小于该降雨量次数/次	大于或等于该降雨量次数/次	控制降雨总量/mm	控制率/%
100	12 559.60	39.70	3.02	369	100	22 559.6	71.31
110	13 511.10	42.71	3.01	378	91	23 521.1	74.35
120	14 209.40	44.91	2.21	384	85	24 409.4	77.15
130	15 094.30	47.71	2.80	391	78	25 234.3	79.76
140	16 307.90	51.55	3.84	400	69	25 967.9	82.08
160	19 289.70	60.97	9.42	420	49	27 129.7	85.75
180	21 136.40	66.81	5.84	431	38	27 976.4	88.43
200	22 076.70	69.78	2.97	436	33	28 676.7	90.64
250	23 872.90	75.46	5.68	444	25	30 122.9	95.21
300	28 286.60	89.41	13.95	460	9	30 986.6	97.94
350	29 926.70	94.59	5.18	465	4	31 326.7	99.02
400	30 291.60	95.75	1.15	466	3	31 491.6	99.54
500	31 131.00	98.40	2.65	468	1	31 631	99.98
600	31 637.40	100.00	1.60	469	0	31 637.4	100.00

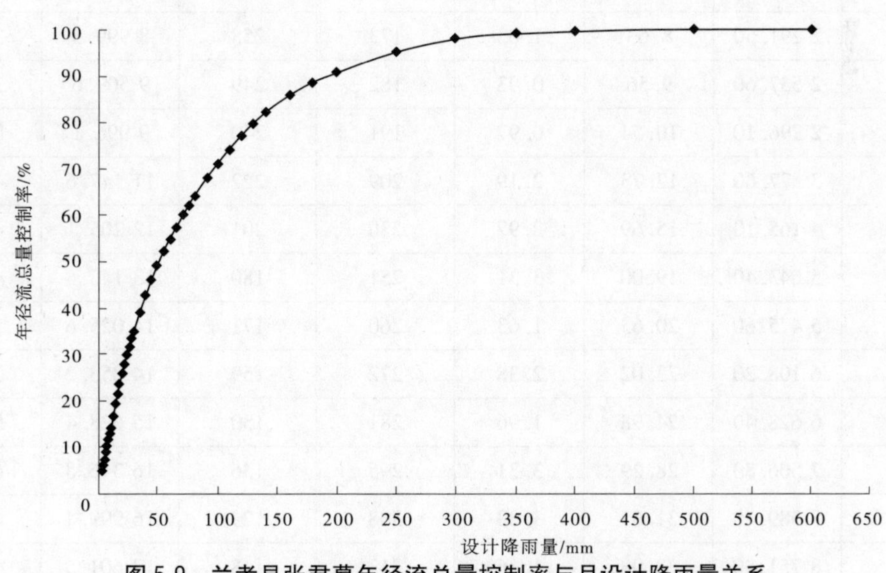

图 5-9　兰考县张君墓年径流总量控制率与月设计降雨量关系

(2)杞县柿园有效统计总天数(次数)431 次。

表 5-11 杞县柿园年径流总量控制率与月设计降雨量计算结果

控制降雨量/mm	累计降雨量/mm	累计频率/%	单个频率/%	小于该降雨量次数/次	大于或等于该降雨量次数/次	控制降雨总量/mm	控制率/%
3	20.00	0.08	0.08	8	423	1 289	4.86
4	69.50	0.26	0.19	22	409	1 705.5	6.43
5	91.00	0.34	0.08	27	404	2 111	7.95
6	135.20	0.51	0.17	35	396	2 511.2	9.46
7	187.50	0.71	0.20	43	388	2 903.5	10.94
8	249.10	0.94	0.23	51	380	3 289.1	12.39
9	283.70	1.07	0.13	55	376	3 667.7	13.82
10	340.50	1.28	0.21	61	370	4 040.5	15.22
12	471.10	1.78	0.49	73	358	4 767.1	17.96
14	666.70	2.51	0.74	88	343	5 468.7	20.61
16	948.60	3.57	1.06	107	324	6 132.6	23.11
18	1 272.80	4.80	1.22	126	305	6 762.8	25.48
20	1 498.60	5.65	0.85	138	293	7 358.6	27.73
22	1 769.00	6.67	1.02	151	280	7 929	29.88
24	2 018.90	7.61	0.94	162	269	8 474.9	31.93
26	2 291.50	8.63	1.03	173	258	8 999.5	33.91
28	2 537.60	9.56	0.93	182	249	9 509.6	35.83
30	2 796.10	10.54	0.97	191	240	9 996.1	37.66
35	3 377.60	12.73	2.19	209	222	11 147.6	42.00
40	4 165.10	15.69	2.97	230	201	12 205.1	45.99
45	5 043.40	19.00	3.31	251	180	13 143.4	49.52
50	5 475.60	20.63	1.63	260	171	14 025.6	52.85
55	6 108.20	23.02	2.38	272	159	14 853.2	55.97
60	6 628.40	24.98	1.96	281	150	15 628.4	58.89
65	7 506.80	28.29	3.31	295	136	16 346.8	61.59
70	8 389.40	31.61	3.33	308	123	16 999.4	64.05
75	8 751.50	32.98	1.36	313	118	17 601.5	66.32
80	9 367.10	35.29	2.32	321	110	18 167.1	68.45
90	10 717.00	40.38	5.09	337	94	19 177	72.26

续表 5-11

控制降雨量/mm	累计降雨量/mm	累计频率/%	单个频率/%	小于该降雨量次数/次	大于或等于该降雨量次数/次	控制降雨总量/mm	控制率/%
100	11 858.10	44.68	4.30	349	82	20 058.1	75.58
110	12 488.70	47.06	2.38	355	76	20 848.7	78.56
120	13 976.60	52.66	5.61	368	63	21 536.6	81.15
130	14 728.00	55.49	2.83	374	57	22 138	83.41
140	15 675.00	59.06	3.57	381	50	22 675	85.44
160	17 142.80	64.59	5.53	391	40	23 542.8	88.71
180	19 146.20	72.14	7.55	403	28	24 186.2	91.13
200	20 476.30	77.15	5.01	410	21	24 676.3	92.98
250	22 541.00	84.93	7.78	419	12	25 541	96.24
300	24 192.70	91.16	6.22	425	6	25 992.7	97.94
350	24 522.50	92.40	1.24	426	5	26 272.5	98.99
400	25 646.00	96.63	4.23	429	2	26 446	99.65
500	26 539.80	100.00	3.37	431	0	26 539.8	100.00

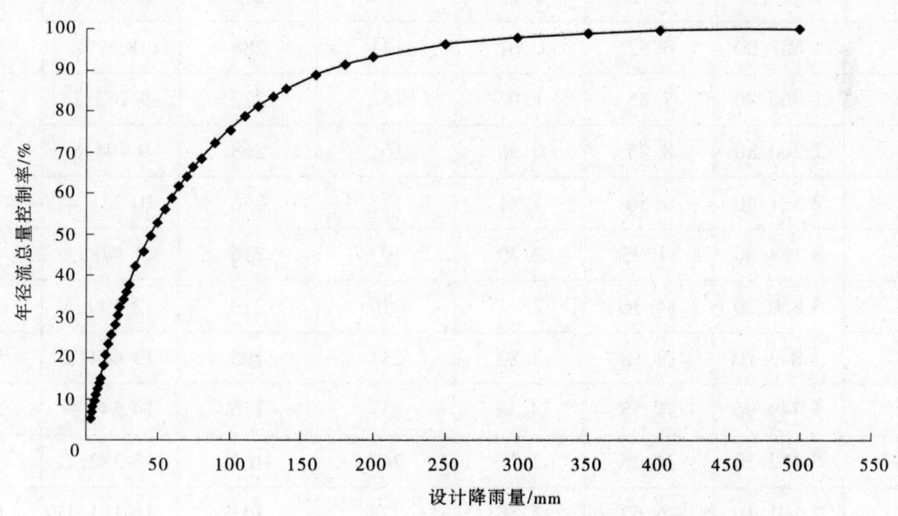

图 5-10　杞县柿园年径流总量控制率与月设计降雨量关系

(3)原开封县曲兴有效统计总天数(次数)429 次。

表 5-12 开封曲兴年径流总量控制率与月设计降雨量计算结果

控制降雨量/mm	累计降雨量/mm	累计频率/%	单个频率/%	小于该降雨量次数/次	大于或等于该降雨量次数/次	控制降雨总量/mm	控制率/%
3	19.80	0.07	0.07	8	421	1 282.8	4.81
4	56.70	0.21	0.14	19	410	1 696.7	6.36
5	87.70	0.33	0.12	26	403	2 102.7	7.88
6	131.80	0.49	0.17	34	395	2 501.8	9.38
7	190.90	0.72	0.22	43	386	2 892.9	10.84
8	213.90	0.80	0.09	46	383	3 277.9	12.29
9	256.70	0.96	0.16	51	378	3 658.7	13.71
10	322.20	1.21	0.25	58	371	4 032.2	15.11
12	396.70	1.49	0.28	65	364	4 764.7	17.86
14	653.20	2.45	0.96	85	344	5 469.2	20.50
16	844.90	3.17	0.72	98	331	6 140.9	23.02
18	1 064.70	3.99	0.82	111	318	6 788.7	25.45
20	1 215.00	4.55	0.56	119	310	7 415	27.79
22	1 525.30	5.72	1.16	134	295	8 015.3	30.04
24	1 687.00	6.32	0.61	141	288	8 599	32.23
26	1 960.20	7.35	1.02	152	277	9 162.2	34.34
28	2 200.80	8.25	0.90	161	268	9 704.8	36.38
30	2 551.40	9.56	1.31	173	256	10 231.4	38.35
35	3 188.30	11.95	2.39	193	236	11 448.3	42.91
40	3 830.70	14.36	2.41	210	219	12 590.7	47.20
45	4 849.20	18.18	3.82	234	195	13 624.2	51.07
50	5 749.90	21.55	3.38	253	176	14 549.9	54.54
55	6 472.20	24.26	2.71	267	162	15 382.2	57.66
60	7 101.10	26.62	2.36	278	151	16 161.1	60.58
65	7 920.10	29.69	3.07	291	138	16 890.1	63.31
70	8 665.90	32.48	2.80	302	127	17 555.9	65.81
75	9 682.90	36.30	3.81	316	113	18 157.9	68.06

续表 5-12

控制降雨量/mm	累计降雨量/mm	累计频率/%	单个频率/%	小于该降雨量次数/次	大于或等于该降雨量次数/次	控制降雨总量/mm	控制率/%
80	10 461.20	39.21	2.92	326	103	18 701.2	70.10
90	11 469.70	42.99	3.78	338	91	19 659.7	73.69
100	12 785.50	47.93	4.93	352	77	20 485.5	76.79
110	13 826.70	51.83	3.90	362	67	21 196.7	79.45
120	14 758.40	55.32	3.49	370	59	21 838.4	81.86
130	15 260.90	57.20	1.88	374	55	22 410.9	84.01
140	15 532.60	58.22	1.02	376	53	22 952.6	86.04
160	17 497.70	65.59	7.37	389	40	23 897.7	89.58
180	18 686.80	70.05	4.46	396	33	24 626.8	92.31
200	20 388.30	76.42	6.38	405	24	25 188.3	94.42
250	23 782.40	89.15	12.72	420	9	26 032.4	97.58
300	25 139.50	94.23	5.09	425	4	26 339.5	98.73
350	25 457.70	95.43	1.19	426	3	26 507.7	99.36
400	26 217.40	98.27	2.85	428	1	26 617.4	99.77
500	26 677.70	100.00	1.73	429	0	26 677.7	100.00

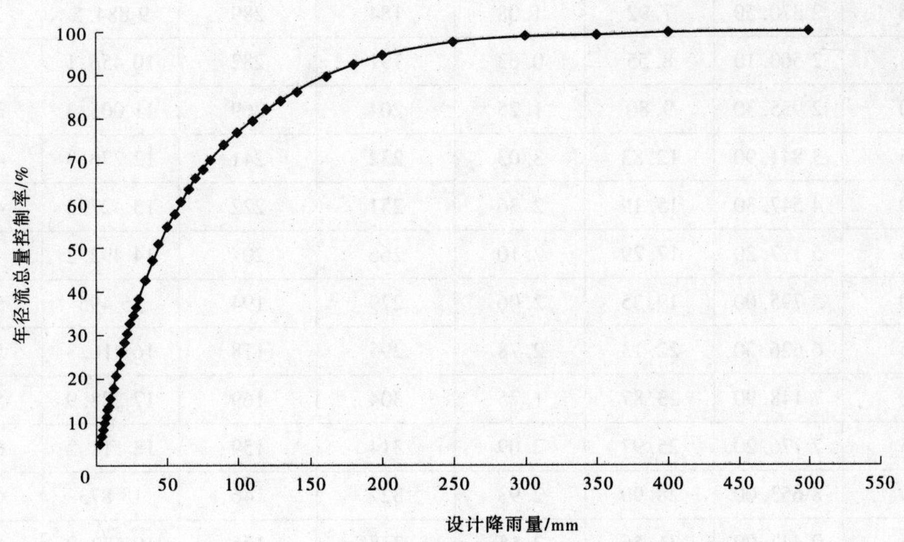

图 5-11　开封曲兴年径流总量控制率与月设计降雨量关系

(4)通许县邸阁有效统计总天数(次数)473 次。

表 5-13 通许县邸阁年径流总量控制率与设计降雨量计算结果

控制降雨量/mm	累计降雨量/mm	累计频率/%	单个频率/%	小于该降雨量次数/次	大于或等于该降雨量次数/次	控制降雨总量/mm	控制率/%
3	24.60	0.08	0.08	10	463	1 413.6	4.72
4	59.00	0.20	0.11	20	453	1871	6.25
5	112.10	0.37	0.18	32	441	2 317.1	7.74
6	190.00	0.63	0.26	46	427	2 752	9.19
7	234.90	0.78	0.15	53	420	3 174.9	10.60
8	272.50	0.91	0.13	58	415	3 592.5	12.00
9	356.30	1.19	0.28	68	405	4 001.3	13.36
10	441.90	1.48	0.29	77	396	4 401.9	14.70
12	586.20	1.96	0.48	90	383	5 182.2	17.31
14	754.70	2.52	0.56	103	370	5 934.7	19.82
16	947.70	3.16	0.64	116	357	6 659.7	22.24
18	1 204.20	4.02	0.86	131	342	7 360.2	24.58
20	1 392.40	4.65	0.63	141	332	8 032.4	26.82
22	1 681.20	5.61	0.96	155	318	8 677.2	28.98
24	2 047.80	6.84	1.22	171	302	9 295.8	31.04
26	2 370.50	7.92	1.08	184	289	9 884.5	33.01
28	2 560.10	8.55	0.63	191	282	10 456.1	34.92
30	2 935.30	9.80	1.25	204	269	11 005.3	36.75
35	3 841.90	12.83	3.03	232	241	12 276.9	41.00
40	4 547.30	15.19	2.36	251	222	13 427.3	44.84
45	5 177.20	17.29	2.10	266	207	14 492.2	48.40
50	5 795.00	19.35	2.06	279	194	15 495	51.75
55	6 626.30	22.13	2.78	295	178	16 416.3	54.82
60	7 148.90	23.87	1.75	304	169	17 288.9	57.74
65	7 776.20	25.97	2.09	314	159	18 111.2	60.48
70	8 653.00	28.90	2.93	327	146	18 873	63.03
75	9 447.90	31.55	2.65	338	135	19 572.9	65.37
80	10 294.50	34.38	2.83	349	124	20 214.5	67.51

续表 5-13

控制降雨量/mm	累计降雨量/mm	累计频率/%	单个频率/%	小于该降雨量次数/次	大于或等于该降雨量次数/次	控制降雨总量/mm	控制率/%
90	11 924.10	39.82	5.44	368	105	21 374.1	71.38
100	13 446.20	44.90	5.08	384	89	22 346.2	74.63
110	14 390.90	48.06	3.15	393	80	23 190.9	77.45
120	15 419.40	51.49	3.43	402	71	23 939.4	79.95
130	16 553.90	55.28	3.79	411	62	24 613.9	82.20
140	16 959.80	56.64	1.36	414	59	25 219.8	84.22
160	18 601.90	62.12	5.48	425	48	26 281.9	87.77
180	20 291.70	67.77	5.64	435	38	27 131.7	90.61
200	22 552.10	75.31	7.55	447	26	27 752.1	92.68
250	24 588.70	82.12	6.80	456	17	28 838.7	96.31
300	27 026.90	90.26	8.14	465	8	29 426.9	98.27
350	28 277.20	94.43	4.18	469	4	29 677.2	99.11
400	29 005.30	96.87	2.43	471	2	29 805.3	99.54
500	29 943.80	100.00	3.13	473	0	29 943.8	100.00

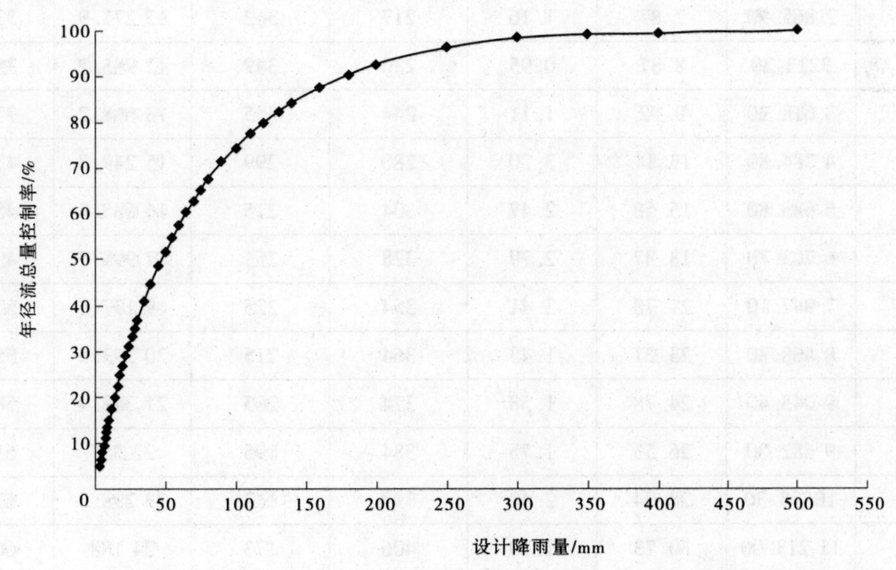

图 5-12　通许县邸阁年径流总量控制率与设计降雨量关系

(5)开封市尉氏县有效统计总天数(次数)579 次。

表 5-14 尉氏县年径流总量控制率与设计降雨量计算结果

控制降雨量/mm	累计降雨量/mm	累计频率/%	单个频率/%	小于该降雨量次数/次	大于或等于该降雨量次数/次	控制降雨总量/mm	控制率/%
3	23.60	0.06	0.06	9	570	1 733.6	4.75
4	61.90	0.17	0.10	20	559	2 297.9	6.30
5	97.80	0.27	0.10	28	551	2 852.8	7.82
6	157.50	0.43	0.16	39	540	3 397.5	9.31
7	247.50	0.68	0.25	53	526	3 929.5	10.77
8	343.40	0.94	0.26	66	513	4 447.4	12.19
9	412.10	1.13	0.19	74	505	4 957.1	13.59
10	534.60	1.47	0.34	87	492	5 454.6	14.95
12	753.60	2.07	0.60	107	472	6 417.6	17.59
14	922.40	2.53	0.46	120	459	7 348.4	20.14
16	1 144.00	3.14	0.61	135	444	8 248	22.60
18	1 449.70	3.97	0.84	153	426	9 117.7	24.99
20	1 715.00	4.70	0.73	167	412	9 955	27.28
22	1 963.60	5.38	0.68	179	400	10 763.6	29.50
24	2 441.50	6.69	1.31	200	379	11 537.5	31.62
26	2 865.90	7.85	1.16	217	362	12 277.9	33.65
28	3213.20	8.81	0.95	230	349	12 985.2	35.59
30	3 618.20	9.92	1.11	244	335	13 668.2	37.46
35	4 784.80	13.11	3.20	280	299	15 249.8	41.79
40	5 685.80	15.58	2.47	304	275	16 685.8	45.73
45	6 703.70	18.37	2.79	328	251	17 998.7	49.33
50	7 947.10	21.78	3.41	354	225	19 197.1	52.61
55	8 468.30	23.21	1.43	364	215	20 293.3	55.61
60	9 043.40	24.78	1.58	374	205	21 343.4	58.49
65	9 682.00	26.53	1.75	384	195	22 357	61.27
70	10558.30	28.94	2.40	397	182	23 298.3	63.85
75	11 213.00	30.73	1.79	406	173	24 188	66.29
80	12 230.20	33.52	2.79	419	160	25 030.2	68.60
90	14 331.40	39.28	5.76	444	135	26 481.4	72.57

续表 5-14

控制降雨量/mm	累计降雨量/mm	累计频率/%	单个频率/%	小于该降雨量次数/次	大于或等于该降雨量次数/次	控制降雨总量/mm	控制率/%
100	15 932.00	43.66	4.39	461	118	27 732	76.00
110	18 143.50	49.72	6.06	482	97	28 813.5	78.96
120	19 413.50	53.20	3.48	493	86	29 733.5	81.49
130	20 758.60	56.89	3.69	504	75	30 508.6	83.61
140	22 100.70	60.57	3.68	514	65	31 200.7	85.51
160	23 885.40	65.46	4.89	526	53	32 365.4	88.70
180	25 085.90	68.75	3.29	533	46	33 365.9	91.44
200	26 601.40	72.90	4.15	541	38	34 201.4	93.73
250	30 820.10	84.46	11.56	560	19	35 570.1	97.48
300	34 346.10	94.13	9.66	573	6	36 146.1	99.06
350	35 950.40	98.52	4.40	578	1	36 300.4	99.48
400	35 950.40	98.52	0.00	578	1	36 350.4	99.62
500	35 950.40	98.52	0.00	578.00	1.00	36 450.4	99.89
600	36 489.50	100.00	1.48	579	0	36 489.5	100.00

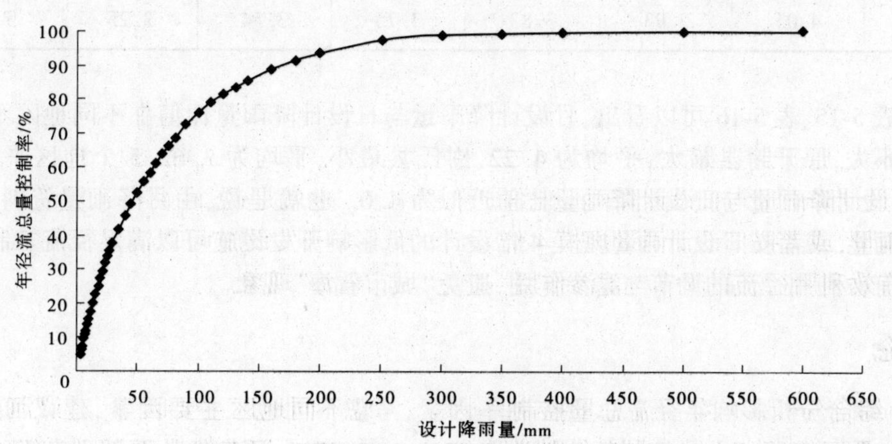

图 5-13　尉氏县年径流总量控制率与设计降雨量关系

根据开封市不同区域年径流总量控制率与设计降雨量关系的计算及分析结果，可以得出,开封市不同区域年径流总量控制率与月设计降雨量关系及月设计降雨量与日设计降雨量比值,分别见表 5-15、表 5-16。

表 5-15 开封市年径流总量控制率与月设计降雨量关系 单位:mm

区域	年径流总量控制率					
	60%	65%	70%	75%	80%	85%
原开封县	57.07	66.04	77.29	91.62	110.00	130.00
兰考	60.00	70.00	82.92	97.46	110.00	134.03
杞县	60.00	70.00	80.00	94.62	110.00	134.48
尉氏	60.00	70.00	80.00	93.23	110.00	130.00
通许	63.14	72.90	84.61	100	116.73	140.00

表 5-16 开封市月设计降雨量与日设计降雨量比值

区域	年径流总量控制率						平均
	60%	65%	70%	75%	80%	85%	
原开封县	4.33	4.28	4.26	4.24	4.21	4.01	4.22
兰考	4.29	4.16	4.15	4.06	3.67	3.52	3.97
杞县	4.17	4.12	3.98	3.93	3.77	3.73	3.95
尉氏	3.91	3.85	3.70	3.61	3.47	3.22	3.62
通许	4.05	3.93	3.83	3.75	3.54	3.25	3.72

由表 5-15、表 5-16 可以看出,月设计降雨量与日设计降雨量比值在不同地区不一样,但差异不大,原开封县最大,平均为 4.22,尉氏县最小,平均为 3.62,5 个地区平均值为 3.90,月设计降雨量与日设计降雨量比值近似为 4.0。也就是说,由月降雨量资料可以反求日降雨量,或者按日设计雨量规模 4 倍设计的低影响开发设施可以满足径流控制要求,也可以有效利用径流的调节与蓄渗作用,避免"城市看海"现象。

5 结论

(1)综合分析影响年径流总量控制率因素,考虑不同地区主要因素,建议河南省Ⅱ区、Ⅲ区、Ⅳ区年径流总量控制率分别选取 85%、80%、75%,河南省从西部到东部,控制率对应设计降雨量控制在 26~28 mm。

(2)开封地区属于Ⅳ区,年径流控制率可取75%,对应的开封市设计降雨量可取值22 mm,兰考县和杞县设计降雨量可取值24 mm,尉氏县、通许县设计降雨量可分别取值26 mm、27 mm。

(3)月设计降雨量与日设计降雨量比值近似为4.0。也就是说,由月降雨量资料可以反求日降雨量,或者按日设计雨量规模4倍设计的低影响开发设施可以满足径流控制要求,也可以有效利用径流的调节与蓄渗作用。

第6章　海绵城市低影响开发技术措施

第1节　问题提出

海绵城市的概念源自对城市化进程中水资源管理和城市环境问题的关注。低影响开发技术是海绵城市建设中的一项关键技术措施,它旨在通过一系列策略和措施减少城市开发对环境的影响,特别是在水资源管理方面。

1　低影响开发技术研究背景

(1)城市化快速发展:随着人口的增长和城市化进程的加快,城市面临着水资源短缺、洪涝灾害频发、水环境恶化等问题。

(2)传统排水系统局限性:传统的城市排水系统往往以快速排出雨水为目的,忽视了雨水的资源化利用和生态环境保护。

(3)生态文明建设需求:随着生态文明理念的提出,城市发展需要更加注重生态环境保护和可持续发展。

2　低影响开发技术研究意义

(1)水资源管理:低影响开发技术有助于雨水的收集、储存和再利用,提高城市水资源的利用效率。

(2)生态环境保护:通过模拟自然水循环过程,保护和恢复城市水生态环境,提高城市生态系统的自我修复能力。

(3)减少洪涝灾害:通过控制雨水径流,减少城市洪涝灾害的发生,提高城市的防洪排涝能力。

(4)促进可持续发展:低影响开发技术是实现城市可持续发展的重要途径,有助于构建人与自然和谐共生的城市环境。

3　低影响开发技术研究现状

(1)国际经验:国际上许多城市已经开始实施低影响开发技术,如美国的绿色基础设施、澳大利亚的水敏感城市设计等。

(2)国内实践:中国在海绵城市建设中积极推广低影响开发技术,多个城市已经开展了相关试点和项目。

(3)技术发展:低影响开发技术不断成熟和完善,包括透水铺装、雨水花园、绿色屋顶、雨水收集系统等。

(4)政策支持:政府出台了一系列政策和标准,支持低影响开发技术的推广和应用。

4　低影响开发技术面临的问题

在海绵城市建设的征途中,低影响开发技术措施无疑扮演了不可或缺的角色。这些技术措施在理念上无疑具有前瞻性和环保性,然而,在实际应用中,必须坦诚地面对一系列挑战和问题。

(1)技术成熟度:一些低影响开发技术措施尚处于发展阶段,技术成熟度不高,可能在实际应用中存在效率不高或效果不稳定的问题。

(2)设计与实施难度:低影响开发技术措施往往需要与城市规划和建设紧密结合,这增加了设计和实施的复杂性,对专业人员的要求较高。

(3)成本问题:与传统的排水系统相比,低影响开发技术措施可能在初期投资和维护成本上更高,这可能限制了其在一些地区的推广应用。

(4)政策和法规支持不足:虽然有政策支持,但在一些地区,相关政策和法规的制定和执行可能不够完善,影响了低影响开发技术的推广。

(5)公众意识不足:公众对于海绵城市和低影响开发技术的认识不足,缺乏足够的环保意识和参与度,这影响了这些技术措施的社会接受度和实施效果。

(6)维护和管理问题:低影响开发技术措施需要长期和持续的维护管理,但在实际操作中可能因为缺乏专业维护团队或资金不足而导致维护不到位。

(7)气候和地理条件限制:不同地区的气候和地理条件对低影响开发技术措施的适用性有影响,一些技术可能在特定地区效果不佳。

(8)技术整合与协同效应:在实际应用中,如何将不同的低影响开发技术措施有效整合,发挥协同效应,是一个需要解决的问题。

(9)监测和评估体系不完善:缺乏系统性的监测和评估体系来衡量低影响开发技术措施的实际效果,这影响了技术的持续优化和改进。

(10)创新和适应性:随着城市化进程的不断深入,低影响开发技术需要不断创新和适应新的挑战,以满足不断变化的需求。

解决上述问题,需要政府、科研机构、企业和公众的共同努力。必须加强技术研发,完善政策支持,增强公众意识,建立有效的维护管理体系等,以推动低影响开发技术措施的广泛应用和深入发展。只有这样,才能更好地应对挑战,实现海绵城市建设的目标。

本章通过比较分析、优化组合低影响开发技术等各种措施,通过水文、水力计算与 SWMM 模型模拟等方法进行低影响开发设施的规模计算,对年径流总量控制率目标进行逐层分解与验证,确定单位面积控制容积。

第 2 节　低影响开发技术类型措施构建分析

现代城市要具有自然蓄积雨水、渗透雨水、净化雨水功能,本书提出了保护原生态系统、恢复原生态系统和低影响开发原生态系统 3 种建设途径。其中,低影响开发(LID)建设途径是通过建设雨水湿地、植草沟、调节池等措施,实现对雨水的蓄、渗、滞、净、用、排,维持开发前原有水文条件基本不变。

1　技术类型

低影响开发技术措施按类别分为储存类、渗透类、运转类、截污类、净化类和调节类，每种类别有对应的具体措施，在进行低影响开发设施类别选择时，根据控制目标及当地自然条件、经济条件等因素，合理选取低影响开发技术措施类别，或优化组合几种低影响开发技术措施，实现径流总量控制、径流污染控制或径流峰值控制等目标。

2　单项设施

低影响开发技术对应低影响开发技术措施，如渗透类的透水铺装、渗透塘、渗井、渗透塘、渗井、生物滞留设施，储存类的下沉式绿地、湿塘、雨水湿地、蓄水池、雨水罐，运输类的植草沟、渗管/渠，调节类的绿色屋顶、调节塘、调节池等。

低影响开发设施选取及组合要根据设施功能、规模及控制目标合理选取与优化。

为了有效地完成低影响开发对雨水的储存、调节、渗透、净化、截污与转输，就要选取建设不同形式的开发设施，下面主要对透水铺装、绿色屋顶、下沉式绿地、生物滞留设施、雨水湿地、植草沟 6 种常见的低影响开发设施进行对比分析。

2.1　透水铺装

2.1.1　概念

透水铺装就是在道路面层用透水砖、透水沥青混凝土和透水混凝土等能透水且有一定承受荷载能力的材料做成透水面，雨水通过这些大孔隙的透水材料就地蓄渗，形成渗流，减少地表径流。

2.1.2　构造及注意问题

透水砖铺装是最常见的透水铺装形式，其构造如图 6-1 所示。透水面层厚度 60~80 mm，直接承受荷载，并把荷载传递给透水基层。透水找平层厚度 20~30 mm，具有黏结、过渡、透水功能。透水基层厚度 100~150 mm，要求其材料具有高强度、高透水性和较好的稳定性，所以一般材料选用有一定级配的碎石，也可采用透水混凝土。为了防止雨水强度过大时，如果土地透水能力不能满足要求，应该设置排水管把渗透的雨水及时排走。

(a)透水砖铺装场景图

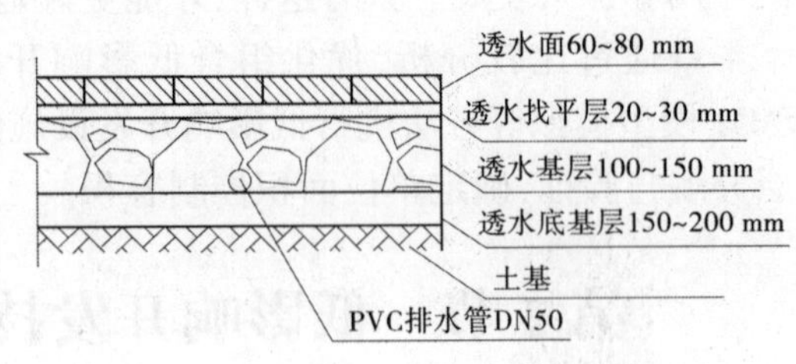

(b)透水砖铺装典型构造图

图 6-1　透水砖铺

2.1.3　实用条件

透水铺装适用很广,建筑小区中的人行道,车流量、承重荷载小的城市道路两边的非机动车道、活动广场、停车场都可使用,对于承重强度大的透水沥青混凝土路面,还可用于机动车道。

2.1.4　优缺点

透水铺装优点:①具有补充地下水、削减峰值流量和净化雨水作用;②适用区域广,施工方便,尤其是透水砖铺装建造维修费用很低;③面层的透水、透气材料,不但能快速吸收浮水,还能够调节地表湿度和气温,具有防滑、维护地表生态平衡的作用;④透水砖还能增加空气湿度,有效缓解雾霾。

透水铺装缺点是易于堵塞,造成冻融破坏。透水铺装的超强吸附性和透水性,不但吸附了水,还吸附了空中的灰尘、油污、砂土等异物。这些异物堆积在表层或随水流透过透水铺装通道孔,吸附沉积在孔中或透水垫层中,造成透水通道堵塞,大大影响透水率。在寒冷的地区,通道中滞留的雨水会造成冻融破坏的风险。

2.2　绿色屋顶

2.2.1　概念

绿色屋顶就是在屋顶上面种植有花草树木的屋顶,也叫屋顶绿化或种植屋面。如果屋顶景观单一,种植植物多为花或草,种植基质深度小于 150 mm,这种屋顶称为简单式绿色屋顶;如果屋顶种植植物种类较多、景观复杂,且种植植物基质深度较深,超过了 600 mm,这种屋顶称为花园式绿色屋顶。

2.2.2　构造及注意问题

绿色屋顶典型构造如图 6-2 所示。绿色屋顶由植物、基质层、过滤层、排水层、保护层、防水层组成。构造设计时要考虑屋顶的承受力是否能满足要求;屋顶防水层上面的构造厚度,要能保证植物根须不能浸入防水层,避免对防水层造成破坏;要采取措施,避免暴雨天屋顶泥土冲刷,造成下水道堵塞和外墙玷污;要注意植物的配置,尽可能种植当地物种,以利于植物生存。

(a)绿色屋顶场景图

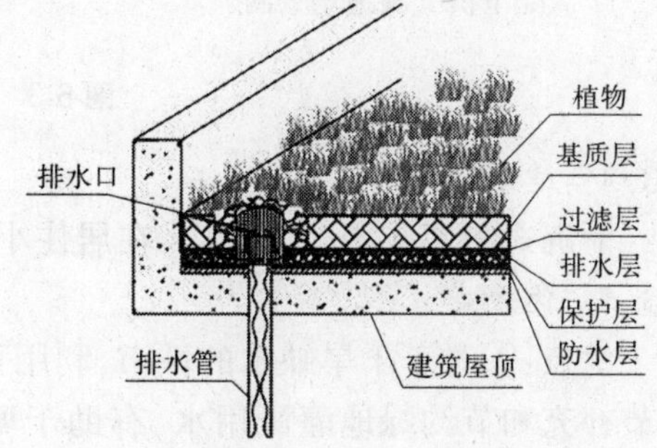

(b)绿色屋顶典型构造图

图 6-2　绿色屋顶典型构造

2.2.3　适用条件

屋顶承受荷载能力强、防水满足要求,没有坡度的平屋顶和坡度较缓小于 15 °的坡面屋顶,对景观要求高的屋面,适宜建造绿色屋顶。

2.2.4　优缺点

绿色屋顶优点:①可有效减少屋面径流总量和径流污染负荷,提高水质和空气质量,节省能源;②景观效果好,是建筑艺术与园林艺术的完美结合,在提高人居环境质量方面起着不可忽视的作用;③能为小鸟提供栖息场所,促进人与自然的和谐。

绿色屋顶缺点:对屋顶荷载、防水、坡度、空间条件等要求严格,且建造费用高。

2.3　下沉式绿地

2.3.1　概念

下沉式绿地是指在建筑小区、公园、道路两侧建造的呈下凹式构造的绿地。这些绿地的共同特点就是绿地高程比周边砌筑不透水的地面或道路低且不超过 200 mm。

还有一种绿地没有明显的下凹,但也具有调蓄和净化径流雨水的作用,像雨水花园、雨水湿地等,从广义上来讲也为下沉式绿地。

2.3.2　构造及注意问题

下沉式绿地(见图 6-3)由溢流口、蓄水层和种植土等组成。为保证暴雨时下凹绿地蓄水层及种植土中积蓄径流能及时排走下渗,要设置溢流口,溢流口顶部要比周边绿地高 50~100 mm。绿地下凹深度与蓄水层种植的植物耐淹性有关,也与土壤渗透性有关,下凹深度在 100~200 mm,一般不超过 200 mm。在地下水位高、径流污染严重的区域,要采取有效措施,防止地下水污染等次生灾害的发生。

(a)下沉式绿地场景图

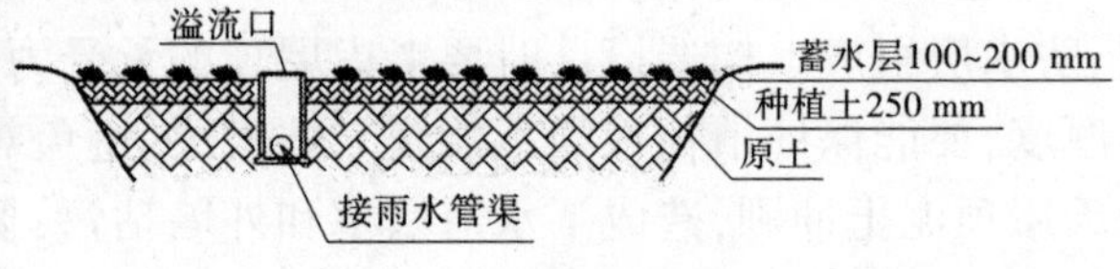

(b)下沉式绿地典型构造图

图 6-3　狭义下沉式绿地

2.3.3　适用条件

下沉式绿地应用范围较广,在居住小区、路边、广场、停车场周边等均可设置。

2.3.4　优缺点

优点:①对于干旱缺水的城市,利用下沉式绿地,可积蓄降水时的地表径流,用于干旱季节补充和节约绿地灌溉用水,有助于城市节水;②下沉式绿地能有组织地汇集净化雨水,有利于城市地表污水的集中排放和处理;③在城市发生暴雨引起洪涝时,下沉式绿地能起到滞洪减灾作用;④适用范围广,建设、维护费用低,较经济。

缺点:①下沉式绿地对于地下水位高、径流有污染的区域,易发生次生灾害;②大面积的下沉式绿地,受地形坡度及汇流条件影响,其实际调蓄容积小于设计调蓄容积。

2.4　生物滞留设施

2.4.1　概念

从广义而言,生物滞留设施属于下沉绿地的一种。在较低区域,它借助植物、微生物和土壤进行蓄渗径流、净化雨水。

2.4.2　构造及注意事项

生物滞留设施根据满足功能及构造复杂程度,分为简易型和复杂型,如图 6-4 所示。其基本构造有溢流口、蓄水层和覆盖层等。溢流口顶部高程要比周边汇水面高程低 100 mm,蓄水层深度为 200~300 mm,种植植物的耐淹性能越强、土壤渗透性能越大,蓄水层深度越大。

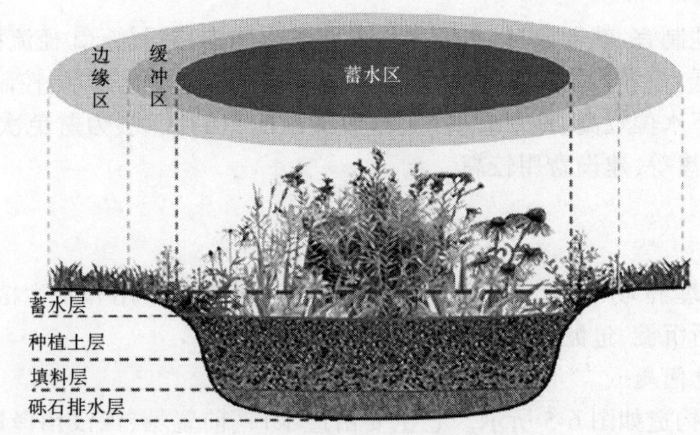

(a)生物滞留设施场景图

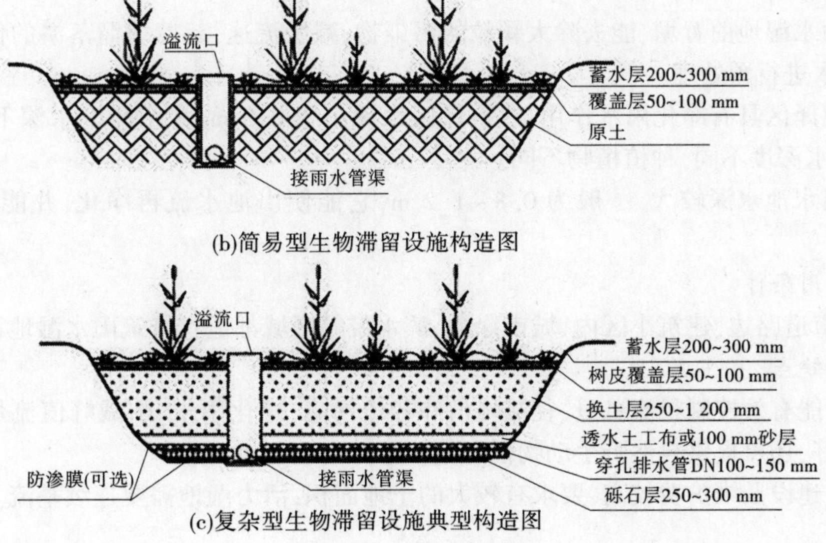

(b)简易型生物滞留设施构造图

(c)复杂型生物滞留设施典型构造图

图 6-4　生物滞留设施

复杂型生物滞留设施，除基本构造外，还设有换土层、反滤作用的土工布、排水作用的砾石层和排水管，对于地下水位高、径流污染严重的区域，底部要布设防渗膜。换土层厚度 250~1 200 mm，其介质类型及厚度要满足水质要求及植物种植、绿化管理等技术要求。砾石层厚度一般为 250~300 mm，其目的是提高生物滞留设施的调蓄作用。穿孔排水管管径为 100~150 mm，其穿孔孔径要小于砾石粒径，防止砾石进入排水管。生物滞留设施面积一般为汇水面面积的 5%~10%。

2.4.3　适用性

生物滞留设施适用范围广，在城市道路边、建筑小区内、停车场周边的绿地，都适宜修筑生物滞留设施。

2.4.4　优缺点

优点：①可因地制宜、就地取材，布设多种形式的生物滞留设施；②径流控制功能强，建设、维护费用较低，景观效果好；③复杂型生物滞留设施可以净化雨水，控制径流污染。

缺点：对于地下水位较高、地形较陡、土壤渗透性能差的区域，为避免次生灾害的发生，要进行换土、防渗等，建设费用较高。

2.5　雨水湿地

2.5.1　概念

雨水湿地可以理解为广义上的下沉式绿地，它是通过物理作用和水生植物及微生物的作用，对雨水进行沉淀、过滤、净化和调蓄。

2.5.2　构造及注意问题

雨水湿地典型构造如图 6-5 所示。它主要由进水口、前置塘、深浅沼泽区、溢流出水口、护坡等构成。

(1) 在进水口和溢流出水口，为减缓流速，防止水流冲刷，要设置碎石、消能坎等消能防冲设施。

(2) 雨水湿地前置塘，能去除大颗粒的污染物、减缓流速，起着缓溜落淤的作用，并能对径流雨水进行预处理。

(3) 沼泽区具有净化雨水作用，浅沼泽区水深小于 0.3 m，深沼泽区水深不超过 0.5 m，沼泽区水深度不同，种植植物不同。

(4) 出水池水深较大，一般为 0.8~1.2 m，它能使出池水流再净化，并能降低出水温度。

2.5.3　适用条件

在城市道路边、建筑小区内、城市绿地、滨水带等区域都适宜修筑雨水湿地设施。

2.5.4　优缺点

优点：能有效控制径流总量、径流峰值和径流污染，净化雨水、削减峰值流量功能强，景观效果好，还可提供自然野生动物栖息地。

缺点：建设及维护费较高，要求有较大的土地面积，活力湿地需要连续基流。

(a)雨水湿地场景图

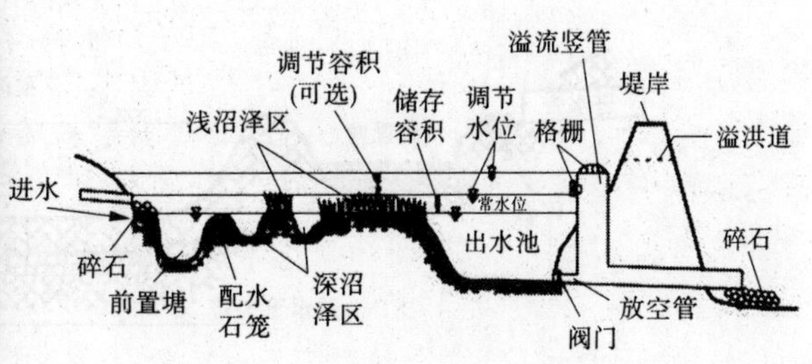

(b)雨水湿地典型构造图

图 6-5　雨水湿地

2.6　植草沟

2.6.1　概念构造

在地表沟渠种植被,就形成了具有一定景观效果的植草沟。植草沟既可转输径流雨水,又能缓冲净化雨水,一般可用于较为宽阔的道路边以及绿地中。植草沟种类较多,能对雨水进行疏导和预处理的为转输型植草沟,植被长时间保持湿润和水淹状态的为湿式植草沟,透水性、运输、净化雨水能力强的为干式植草沟。

2.6.2　构造及注意问题

图 6-6 为三角形断面植草沟典型构造。植草沟的边坡坡度不宜大于 1∶3,纵坡不应大于 4%。转输型植草沟内植被高度不宜太高,以免阻力大、流速小,影响运输水流,故植被高度要控制在 100~200 mm。植草沟水流速度也不宜太快,当水流速度超过 0.8 m/s 时,在植草沟内应以抗冲材料护底,防止土壤侵蚀。

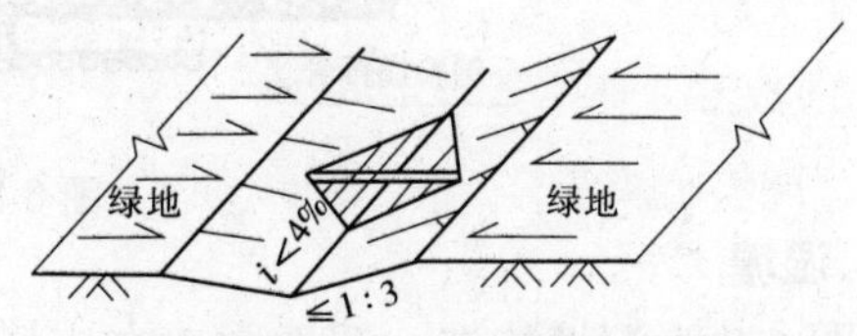

图 6-6　三角形断面植草沟典型构造

2.6.3　适用条件

植草沟适用范围广,干式植草沟多布设在建筑与小区内,转输型植草沟常布设在高速公路周边,湿式植草沟可布设在城市道路、城市绿地及停车场等不透水面的周边。

2.6.4　优缺点

优点:建设与维护费用低,景观效果好,能运输净化雨水。

缺点:在已建城区及开发强度较大的新建城区等区域,受场地条件制约。

2.7　渗透塘

图 6-7 为渗透塘构造,渗透塘是一种利用雨水下渗、补充地下水,具有削减洪峰流量和净化雨水的洼地。渗透塘建设费用较低,对于汇水面积较大且空间较大的区域,渗透塘是比较好的选择。

2.8　渗井

渗井是建在建筑小区、道路及停车场的周边绿地内,通过井壁和井底进行雨水下渗的设施,对于渗井,通常在其周围布设水平渗排管,并且在渗排管周围铺设砾(碎)石,达到增大渗井的渗透效果。渗井占地面积小、费用较低,对水量和水质的控制作用有限。渗井构造见图 6-8。

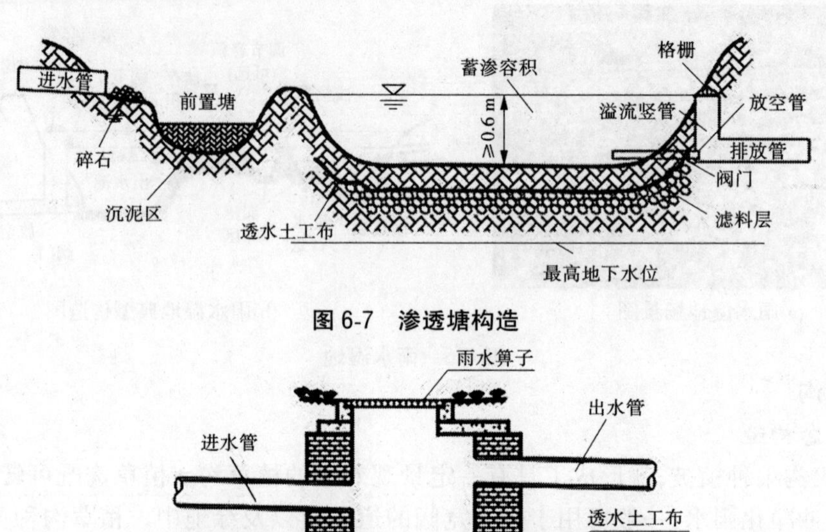

图 6-7　渗透塘构造

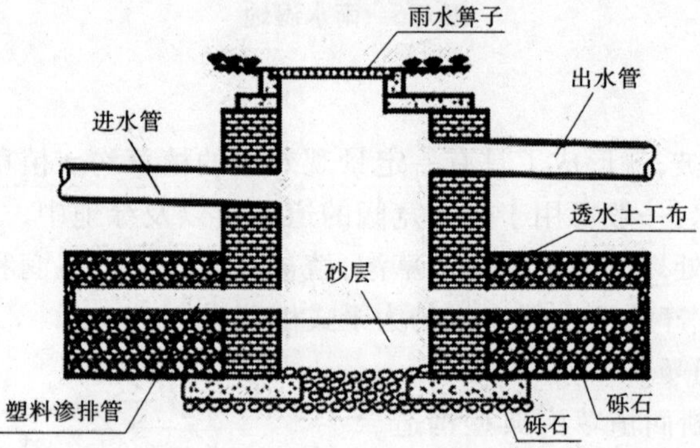

图 6-8　渗井构造

2.9　湿塘

图 6-9 为湿塘构造。湿塘常建在广场、城市绿地或建筑小区等空间充足的场所，它具有净化和雨水调蓄功能，可以有效地削减较大区域的径流总量、径流污染和峰值流量，但要求场地较大，建设和运行费用高。

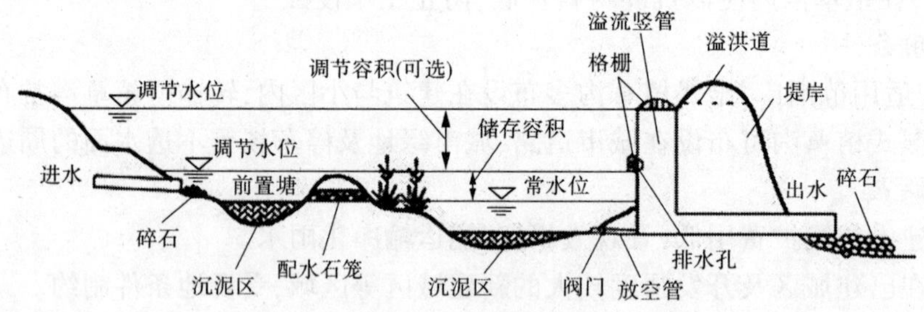

图 6-9　湿塘构造

2.10　调节塘

图 6-10 为调节塘构造。调节塘由进水口、出口设施、护坡及堤岸和调节区构成，具有削减峰值流量的作用，还可以利用渗透功能，补充地下水和净化雨水，建设及维护费用较低。

3　低影响开发常见的 6 种设施对比及选用

低影响开发设施，具有积蓄利用雨水、补充地下水、削减峰值流量、转输净化雨水等多个功能，能进行径流总量、径流峰值和径流污染等多个目标控制。不同的低影响开发单项

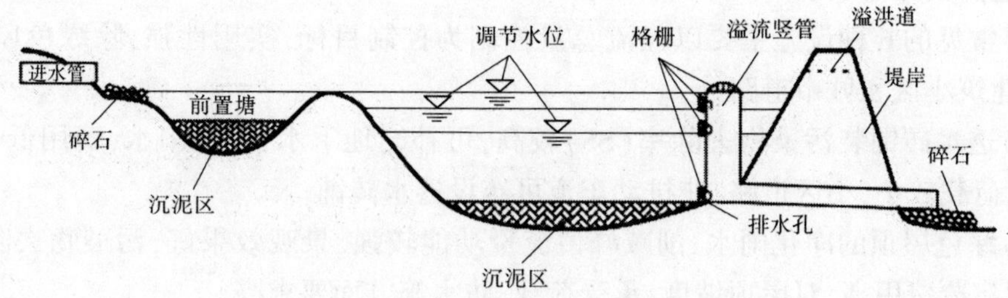

图 6-10　调节塘构造

设施在功能、控制目标、经济性、污染物去除率及景观效果等方面各有特点，表 6-1 是常见的低影响开发设施比选一览表。

表 6-1　常见的低影响开发设施比选一览表

单项设备		功能					控制目标			经济性		污染物去除率/%	景观效果
		积蓄利用雨水	补充地下水	削减峰值流量	净化雨水	转输雨水	径流总量	径流峰值	径流污染	建造费用	维护费用		
透水铺装	透水砖铺装	○	●	★	★	○	●	★	★	低	低	80~90	—
	透水水泥混凝土	○	○	★	★	○	★	★	★	高	中	80~90	—
	透水沥青混凝土	○	○	★	★	○	★	★	★	高	中	80~90	—
绿色屋顶		○	○	★	★	○	●	★	★	高	中	70~80	好
下沉式绿地		○	●	★	★	○	●	★	★	低	低	—	一般
生物滞留设施	简易型	○	●	★	★	○	●	★	★	低	低	—	好
	复杂型	○	●	★	●	○	●	★	●	中	低	70~95	好
雨水湿地		●	○	●	●	○	●	●	●	高	中	50~80	好
植草沟	转输型	★	○	○	★	●	★	○	★	低	低	35~90	一般
	干式	○	●	○	★	●	●	○	★	低	低	35~90	好
	湿式	○	○	○	●	●	○	○	●	中	低	—	好

注：①表中●代表强，★代表较强，○代表弱或很小；②去除率以 SS 计，数据来自美国流域保护中心。

通过前文分析及表 6-1 可以看出：

(1) 常见的 6 种设施主要以径流总量控制为控制目标，实用性强，除绿色屋顶外，均可用于建筑小区和城市道路。

(2) 透水砖铺装污染物去除率(SS)较高，可补充地下水，净化雨水，费用低。在地质条件好，荷载较小，小区道路、非机动车道可布设透水砖铺。

(3) 绿色屋顶的净化雨水、削减峰值流量功能较强，景观效果好，污染物去除率(SS)较高，但建造费用高，对屋顶坡度、承受荷载、防水等方面要求高。

(4) 下沉式绿地，建造和维护费用低，适用区域广，但在地下水位高、透水性好、径流污染的区域慎用。

(5) 复杂型生物滞留设施，景观效果好，污染物去除率(SS)较高，净化作用强，费用适中，是常见的低影响开放设施，但对于地下水位高、地形较陡区域，要采取措施避免次生灾害的发生。

(6) 雨水湿地具有径流总量、径流峰值、径流污染控制目标，能积蓄利用净化雨水、削减峰值流量，景观效果好，污染物去除率(SS)较高。从控制目标、功能、去污、景观方面考虑，适宜选用雨水湿地措施。

(7) 对于地下水位低、具有运输功能的区域，适宜选用费用低，去除污染物，景观效果好的干式植草沟措施。

4　低影响开发设施优化组合系统及工程应用

4.1　低影响开发设施优化组合系统选择

低影响开发不同单项设施，其功能不同，适用条件也不同，低影响开发建设项目选择开发设施时，按照控制目标、因地制宜、经济高效的原则，取长补短，往往灵活选取若干种单项设施进行优化组合，有效利用各项设施的优势、避其弊端，使组合系统发挥最佳效益。

选择低影响开发设施时，先根据设计要求确定控制目标，然后从地质、地形、地下水位、土壤特点、径流污染特性等方面，对汇水区特征进行分析，最后根据单项设施优缺点及适用条件，选择单项开发设施并进行优化组合。为保证组合系统优化性，选取低影响开发设施时要注意，组合系统中的各设施的主要功能要与规划控制目标一致，使其具备功能性；要根据汇水区特征，选取组合系统中的各设施，使其具有适用性；在满足功能性、适用性的基础上，要考虑景观效果、总投资成本选取各设施，使其满足景观性和经济性。

低影响开发设施确定步骤如图 6-11 所示。根据低影响开发设施组合系统的优化原则及选用流程，合理选取组合低影响开发设施。低影响开发设施选择程序：①先根据设计要求确定控制目标；②从地质、地形、地下水位、土壤特点、径流污染特性等方面，对汇水区特征进行分析；③根据单项设施优缺点及适用条件，选择单项开发设施并进行优化组合。

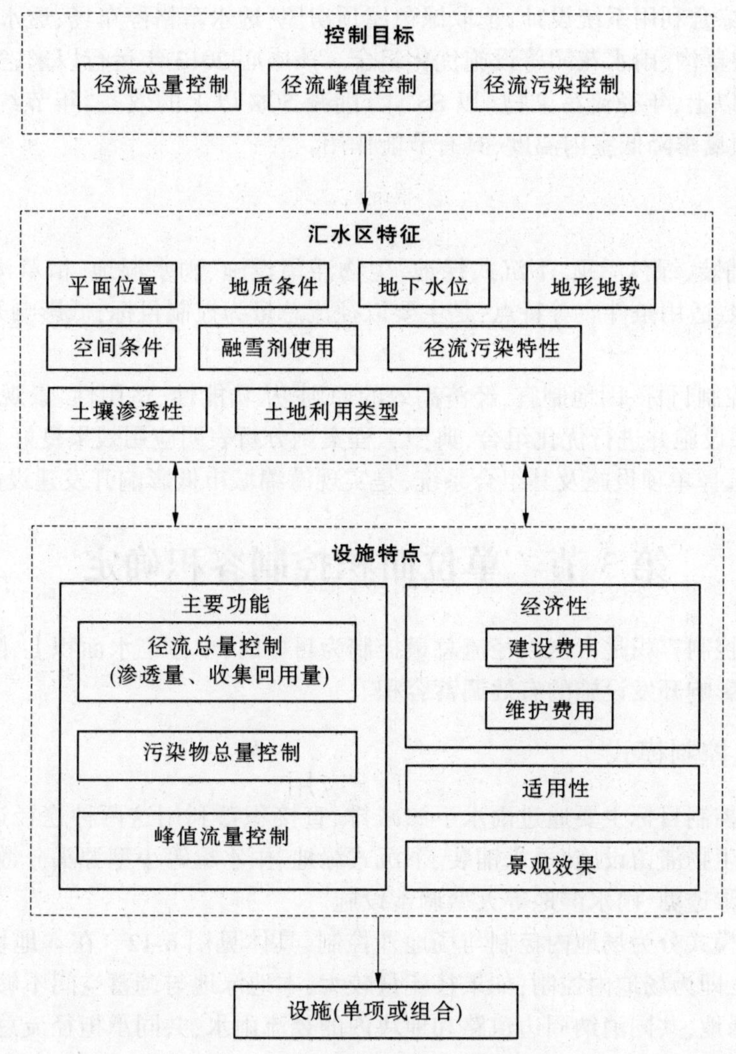

图 6-11　低影响开发设施确定步骤

4.2　低影响开发设施优化组合系统工程应用

4.2.1　北京市顺义区某住宅区

某住宅区位于顺义区潮白河西岸,该地区地势较低,没有市政雨水管线,冬天气温低,考虑地形、水文、气候、费用等因素及净化、景观及雨水排放等要求,进行低影响开发雨水系统设计,选用景观湖、雨水湿地、植草沟及雨水花园等单项设施优化组合。工程实施后经受住了 2011 年、2012 年暴雨的考验,小区内涝防治能力提高,入湖雨水水质明显改善,年径流总量控制率达 85%,大大改善了水体景观效果。

4.2.2　深圳某群众体育中心

某群众体育中心位于光侨路与华夏路交会处,该地区经济发达,地下水位不高,全年气温偏高,从控制径流、美观、节能、减污等功能考虑,结合地形、气候及经济条件,进行低影响开发雨水综合利用系统设计,选取绿色屋顶房屋、透水草格停车场、透水砖铺广场、下凹式绿地、植被草沟、雨水花园等设施优化组合。该中心 2013 年运行以来,实现年径流总量控制率 70%以上,年径流污染物(以 SS 计)削减 50%以上的效益,年节约用水效益 20 万元,绿色屋顶夏季降低室内温度,具有节能作用。

5 结论

(1)透水铺装、绿色屋顶、下沉式绿地、生物滞留设施、雨水湿地、植草沟 6 种单项设施,具有功能强、适用条件广等特点,是主要以径流总量为控制目标,低影响开发设施中常用的设施。

(2)按照控制目标、因地制宜、经济高效的原则,从功能性、适用性、景观性、经济性等方面,选择单项设施并进行优化组合,典型工程案例分析表明应用效果良好。

(3)合理选择单项设施及其组合系统,是实现海绵城市低影响开发建设的有效途径。

第 3 节 单位面积控制容积确定

单位面积控制容积是指当以径流总量控制为目标时,单位汇水面积上,除去雨水调节容积的所需低影响开发设施的有效调蓄容积。

1 场地径流控制模式

径流总量控制目标主要通过雨水下渗减排、直接积蓄利用这两种途径达成。采用的技术措施涵盖生物滞留设施、透水铺装、下沉式绿地、雨水罐等小型源头分散式设施,以及蓄水池、湿塘、渗透塘、雨水湿地等大型调蓄设施。

径流控制模式分为场地内控制与场地外控制,具体见图 6-12。在本地块内达成径流总量控制目标,即为场地内控制;如果径流量较大,本地绿地与调蓄空间不够,可借助场地内外的场地、绿地,共同消纳周边道路和地块内的径流雨水,共同承担径流总量控制目标,此种模式为场地外控制。

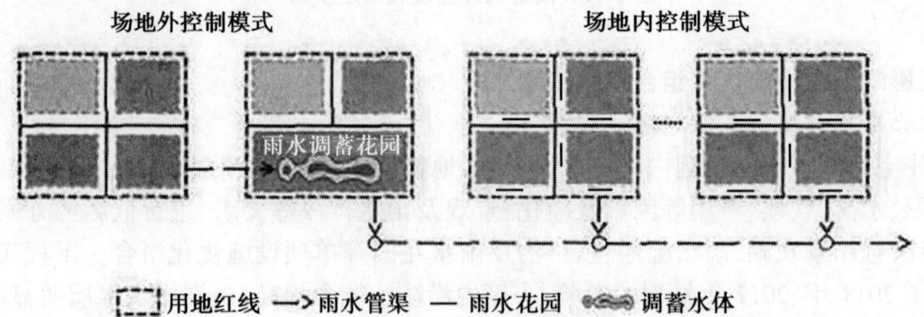

图 6-12 径流控制模式

场地内控制径流总量目标主要实现形式是地块内实现,主要设施类型有分散式的小型设施和相对集中的大型设施,对用地布局的要求为不透水汇水面周边需设置可用于消纳雨水的绿地和场地内设置相对集中的可用于消纳雨水的绿地；场地外控制径流总量目标主要实现形式是结合其他地块或开放空间共同实现，主要设施类型为相对集中的大型设施，对用地布局的要求为具备可消纳周边地块径流雨水的用地。

2　城市规划中径流总量控制指标

2.1　综合控制指标

综合控制指标为单位面积控制容积，即单位汇水面积上所需低影响开发设施的有效调蓄容积。在以径流总量控制为目标进行指标分解时，调节设施主要功能为削减峰值流量、延长排放时间。有效调蓄容积不包括调节深度带来的调节容积，只包括储存深度带来的储存容积。

2.2　单项控制指标

(1)下沉式绿地率指的是广义下沉式绿地面积在绿地总面积中所占的比例。下沉式绿地分为广义和狭义两种。广义下沉式绿地具有一定的调蓄容积，能够储存和蓄渗径流雨水；狭义下沉式绿地则是以草皮为主要植物，其下凹深度小于200 mm。通常在计算时，对于下凹深度小于100 mm且面积较大的下沉式绿地，其对削减径流总量的作用微乎其微，一般不予考虑。

(2)透水铺装率是指透水铺装面积占硬化地面总面积的百分数。

(3)绿色屋顶率是指绿色屋顶面积占建筑屋顶总面积的百分数。

(4)如蓄水池等具有的储存容积等其他调蓄容积，为其他单项控制指标。

径流总量控制指标的选择具有很大的灵活性，可根据相关规范、技术指南及当地场地利用率、绿化率及水文气象等条件合理确定，可选择一项控制指标或多项控制指标，径流总量控制指标及其赋值方法见表6-2。

表6-2　城市规划中径流总量控制指标及赋值方法

规划层级	控制目标与指标	赋值方法
城市总体规划、专项(专业)规划	控制目标：年径流总量控制率及其对应的设计降雨量	通过当地多年日降雨量数据统计分析得到年径流总量控制率及其对应的设计降雨量
详细规划	综合控制指标：单位面积控制容积	根据总体规划阶段提出的年径流总量控制率目标，结合各地块绿地率等控制指标，参照 $V=10H\Psi F$ 计算各地块的综合控制指标，即单位面积控制容积
	单项控制目标：下沉式绿地率及其下沉深度、透水铺装率、绿色屋顶率、其他	根据各地块的具体条件，通过技术经济分析。合理选择单一或组合控制指标，并对指标进行合理分配。指标分解方法：方法1为根据控制目标和综合控制指标进行试算分析；方法2为模型模拟

3 一般计算

3.1 计算原则

(1)计算方法选用。常用的计算方法包含水量平衡法、流量法以及容积法 3 种。依据控制目标以及设施的功能,挑选合适的一种或多种方法展开计算,进而确定低影响开发设施的规模。如果控制目标是以径流总量、径流峰值与径流污染的综合控制为目标,要综合运用容积法、流量法、水量平衡法来计算,并且选择最不利情况下较大的规模作为设计规模,或运用数值模拟的方法确定低影响开发设施的规模。

(2)当把径流总量控制作为目标时,地块内各个低影响开发设施的设计调蓄容积之和便是总调蓄容积,该容积并不涵盖用于削减峰值流量的调节容积。在计算总调蓄容积时,需要满足以下要求:

①具备蓄水空间的渗透设施,比如复杂型生物滞留设施、渗管等,其渗透量要计入总调蓄容积;而像调节池、调节塘、植草沟、植被缓冲带、人工土壤渗滤等对径流总量削减没有作用或者作用极小的设施,其调节容积不应计入总调蓄容积;当受到地形条件等因素的限制,设施调蓄容积无法发挥作用或者无法有效发挥径流总量削减作用时,其调蓄容积也不计入总调蓄容积。

②透水铺装和绿色屋顶结构内的空隙容积一般不再计入总调蓄容积。

3.2 计算方法及公式

3.2.1 容积法

以径流总量和径流污染为控制目标进行设计的低影响开发设施,设计调蓄容积一般采用容积法进行计算,如式(6-1)所示。

$$V = 10H\varphi F \tag{6-1}$$

式中 V——设计调蓄容积,m^3;

H——设计降雨量,mm;

φ——综合雨量径流系数,参考表 6-3;

F——汇水面积,hm^2。

表 6-3 径流系数

汇水面种类	雨量径流系数 φ	流量径流系数 ψ
绿化屋面(绿色屋顶,基质层厚度≥300 mm)	0.30~0.40	0.40
硬屋面、未铺石子的平屋面、沥青屋面	0.80~0.90	0.85~0.95
铺石子的平屋面	0.60~0.70	0.80
混凝土或沥青路面及广场	0.80~0.90	0.85~0.95
大块石等铺砌路面及广场	0.50~0.60	0.55~0.65

续表 6-3

汇水面种类	雨量径流系数 φ	流量径流系数 ψ
沥青表面处理的碎石路面及广场	0. 45 ~ 0. 55	0. 55 ~ 0. 65
级配碎石路面及广场	0. 40	0. 40 ~ 0. 50
干砌砖石或碎石路面及广场	0. 40	0. 35 ~ 0. 40
非铺砌的土路面	0. 30	0. 25 ~ 0. 35
绿地	0. 15	0. 10 ~ 0. 20
水面	1. 00	1. 00
地下建筑覆土绿地（覆土厚度≥500 mm）	0. 15	0. 25
地下建筑覆土绿地（覆土厚度<500 mm）	0. 30 ~ 0. 40	0. 40
透水铺装地面	0. 08 ~ 0. 45	0. 08 ~ 0. 45
下沉广场(50 年及以上一遇)	—	0. 85 ~ 1. 00

3. 2. 2　流量法

像植草沟这类转输设施，其设计目标大多是排除特定设计重现期下的雨水流量，可运用推理式(6-2)来计算该重现期对应的雨水流量。

$$Q = \psi q F \tag{6-2}$$

式中　Q——雨水设计流量，L/s；

ψ——流量径流系数；

q——设计暴雨强度，L/(s · hm^2)；

F——汇水面积，hm^2。

3. 2. 3　水量平衡法

在计算湿塘、雨水湿地等设施的储存容积时，水量平衡法是较为常用的方法。首先依据容积法展开计算，为确保设施能够正常运行，同时再通过水量平衡法计算设施每月的雨水补水水量、外排水量、水量差以及水位变化等相关参数。最后通过经济分析来判断设施设计容积是否合理，并根据分析结果进行调整。

3. 3　计算步骤

年径流总量控制率目标的逐层分解方法包含模型试验法与实测资料分析法。下文主要阐述依据当地气候、水文地质等特点，以及汇水面种类及其构成等条件，运用加权平均的方法进行试算分解的具体步骤(见表 6-4)。

表 6-4 年径流总量控制率目标逐层分解计算

地块编号	用地性质	常规控制指标			单项控制指标		总调蓄容积/m^3	综合雨量径流系数	设计降雨量/mm	年径流总量控制率/%	综合控制指标
		用地面积/hm^2	建筑密度/%	绿地率/%	下沉式绿地率/%、下沉深度/m	透水铺装率/%					单位面积控制容积/(m^3/hm^2)
(1)	(2)	(3)	(4)	(5)	(6)	(7)	(8)	(9)	(10)	(11)	(12)
…											

(1)根据低影响开发城市目标,确定年径流总量控制率及其对应的设计降雨量。

(2)结合用地性质、各地块开发强度、绿化条件等,初步规划各地块的单项控制指标及相关设施的占地面积、建筑密度、下沉式绿地率、透水铺装率、绿色屋顶率等。

(3)根据总调蓄容积计算要求,确定地块的总调蓄容积。

$$总调蓄容积=用地面积\times绿地率\times下沉式绿地率\times下沉深度 \tag{6-3}$$

(4)根据式(6-4)计算各地块的综合雨量径流系数 φ。

$$\varphi = \sum F_i\varphi_i / \sum F_i \tag{6-4}$$

(5)由总调蓄容积,根据式(6-1)计算确定各地块的设计降雨量。

$$H = V/(10\varphi F)$$

(6)根据年径流总量控制率与设计降雨量的比例关系,由计算的设计降雨量,查图或内插法确定各地块的年径流总量控制率。

(7)单位面积控制容积等于总调蓄容积除以用地面积。

(8)根据规划区域的年径流总量控制率[式(6-5)]确定规划区域的年径流总量控制率。

$$\alpha = \sum \alpha_i F_i / \sum F_i \tag{6-5}$$

式中 α_j——各地块的年径流总量控制率;

F_j——各地块的汇水面积,hm^2。

(9)若计算得出的年径流总量控制率与城市总体规划所确定的年径流总量控制率存在差异,需重新对年径流总量控制率进行规划。具体来说,要重新确定与之对应的相关设施的占地面积、建筑密度、下沉式绿地率、透水铺装率、绿色屋顶率以及总调蓄容积等,再次计算年径流总量控制率。直到规划的年径流总量控制率与计算得到的年径流总量控制率相等,则由此年径流总量控制率来确定设计降雨量,并用此时的总调蓄容积除以用地面积,确定单位面积控制容积。

4 案例分析

某城市规划区域,规划面积约为 5.89 km^2,土地利用规划见图 6-13,用地性质以工业

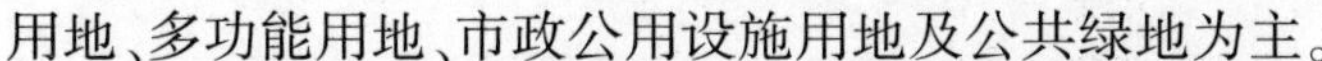

用地、多功能用地、市政公用设施用地及公共绿地为主。

图 6-13　土地利用规划

以规划区域的径流总量控制目标为年径流总量控制率 80% 为例，按照上述控制指标分解方法，对各地块径流总量控制指标进行分解，具体计算见表 6-5。

表 6-5　场地内控制模式下地块径流总量控制指标分解

地块编号	用地性质	常规控制指标			单项控制指标			总调蓄容积/m^3	综合雨量径流系数	设计降雨量/mm	年径流总量控制率/%	综合控制指标
		用地面积/hm^2	建筑密度/%	绿地率/%	下沉式绿地率/%	下沉深度/m	透水铺装率/%					单位面积控制容积/(m^3/hm^2)
001-01	工业用地	6.5	38	18	26	0.5	25	1 521	0.76	30.8	83	6.5
002-01	多功能用地	8	38	28	30	0.25	25	1 680	0.72	29.2	82	8
020-01	社会停车场用地	0.75	0	35	20	0.25	75	131.25	0.48	36.5	87	0.75
022-02	行政办公用地	0.3	35	18	30	0.25	30	40.5	0.75	18.0	68	0.3
003-01	公共绿地	1.2	0	60	22	0.15	75	237.6	0.42	47.1	92	1.2
—	城市道路用地	105	0	29	28	0.25	15	21 315	0.71	28.6	80	105

根据各地块设计降雨量确定其年径流总量控制率，再计算规划区域的年径流总量控制率，计算值等于规划的区域年径流总量控制率，则各地块规划合理，由此计算的单位面

积控制容积即为最终确定值。

根据表 6-5,利用式(6-4)计算得出规划区域的年径流总量控制率 $\alpha = 80.4\% \approx 80\%$,与初步设计年径流总量控制率 80%基本吻合,从而可得出各地块的综合控制指标——单位面积控制容积。

5　结论及进一步研究内容

5.1　结论

(1)依据年径流总量控制率与设计降雨量的对应关系,按照年径流总量控制率区域划分原则,我国大陆地区年径流总量控制率可划分为 5 个区,各地区可参照给出的年径流总量控制率最低限值和最高限值制定径流总量控制目标。

(2)影响年径流总量控制率的因素很多,有直接自然因素,也有间接人为因素。一个地区的水资源多少、降雨情况、气候特点、地下水位特点、地质地貌、土壤植被等是影响年径流总量控制率的自然因素,该地区的雨水开发利用情况、经济发展能力、低影响开发设施的利用效率、建筑布局情况、绿地及土地利用情况是影响年径流总量控制率的人为因素。在综合分析影响年径流总量控制率因素的基础上,因地而定、抓主要因素确定年径流总量控制率,不同地区选择年径流总量控制率时考虑主要因素不尽一致,要根据当地特点、发展需要及海绵城市要解决的主要矛盾,确定年径流总量控制率。

(3)综合分析影响年径流总量控制率的因素,考虑不同地区的主要因素,建议河南省Ⅱ区、Ⅲ区、Ⅳ区年径流总量控制率分别选取 85%、80%、75%,河南省从西部到东部,控制率对应设计降雨量控制在 26~28 mm。

(4)开封地区属于Ⅳ区,年径流控制率可取 75%,对应的开封市设计降雨量可取值 22 mm,兰考县和杞县设计降雨量可取值 24 mm,尉氏县、通许县设计降雨量可分别取值 26 mm、27 mm。

(5)开封地区月设计降雨量与日设计降雨量比值近似为 4.0。也就是说,由月降雨量资料可以反求日降雨量,或者按日设计雨量规模 4 倍设计的低影响开发设施可以满足径流控制要求,也可以有效利用径流的调节与蓄渗作用。

(6)透水铺装、绿色屋顶、下沉式绿地、生物滞留设施、雨水湿地、植草沟 6 种单项设施,具有功能强、适用条件广等特点,是主要以径流总量控制为控制目标,低影响开发设施中常用的设施。

(7)理顺了单位面积控制容积计算方法及区域各地块单项控制设施规划划分方法。

5.2　进一步研究内容

(1)收集河南典型城市(郑州、开封、信阳等)30 年以上降雨资料,基于 SWMM 模型计算中原地区不同区域年径流控制率,与资料法对比分析确定中原地区不同区域年径流控制率。

(2)基于 SWMM 模型,结合实际工程(校园或开封市西区海绵城市规划),进行区域各地块海绵城市单项设施组合优化及单位面积控制容积确定。

(3)结合生产科研及教学,进行雨水花园、绿色屋顶及湿地生态修复措施工程实践。

参考文献

[1] 董哲仁.生态水利工学[M].北京:中国水利水电出版社,2019.

[2] 王志云,陈佰福,吴海燕.现代中小河流常用有坝壅水建筑物型式探讨[J].水利水电科技,2020(8):110-112.

[3] 陈莉,韩伟刚.国产气盾坝在咸阳渭河水生态治理工程中的应用研究[J].水利与建筑工程学报,2017(1):136-138,193.

[4] 胡文兵,赵丽芸.渭河咸阳城区段水景观工程五坝联合塌坝方案探讨[J].陕西水利,2019(2):61-63.

[5] 王玉林.气盾坝在南小河黑臭水体治理项目中的应用[J].黑龙江水利科技,2020(7):147-149.

[6] 池丽敏,胡峥嵘,苏琴.气盾坝在长治市黑水河治理工程中的应用[J].城市道桥与防洪,2016(10):96-97.

[7] 刘卫林,万一帆,刘丽娜,等.基于MIKE模型的南丰景观坝行洪能力影响分析[J].水利水电技术,2020(4):57-66.

[8] 侯放鸣,郭云峰,刘雪松.气动盾形闸系统在城市中小河流治理中的应用[J].中国水利,2014(13):66-68.

[9] 吴一红,洪志强,陆吾华.橡胶坝与气盾坝技术与应用[M].北京:中国水利水电出版社,2019.

[10] 李祎.水力计算手册[M].2版.北京:中国水利水电出版社,2007.

[11] 焦磊.橡胶坝在河道治理工程中的应用研究[J].河南水利与南水北调,2019,48(9):99-100.

[12] 中华人民共和国住房和城乡建设部.河流流量测验规范:GB 50179—2015[S].北京:中国计划出版社,2016.

[13] 中华人民共和国水利部.水工(常见)模型试验规程:SL 155—2012[S].北京:中国水利水电出版社,2012.

[14] 黄河勘测规划设计有限公司.赤道几内亚吉布洛上游调蓄水库可研报告[R].郑州:黄河勘测规划设计有限公司,2013.

[15] 罗全胜.赤道几内亚吉布洛上游调蓄水库水工模型试验报告[R].开封:黄河水利职业技术学院,2014.

[16] 裴少锋.闸前漩涡水力特性及消除措施试验研究[R].大连:大连理工大学,2012.

[17] 蔡程俊.浅析进水口最小淹没水深和消涡措施[J].中国水运,2013,13(1):175-176.

[18] 段文刚,黄国兵,张晖,等.几种典型水工建筑物进水口消涡措施试验研究[J].长江科学院院报,2011,28(2):21-27.

[19] 赵雪萍,赵玉良,李松平,等.河口村水库导流洞水工模型试验及分析[J].水电能源科学,2013,31(12):133-135.

[20] 罗秋实.河流数值模拟技术及工程应用[M].郑州:黄河水利出版社,2012.

[21] 黄河水利职业技术学院.SUE水电站水工模型试验报告[R].开封:黄河水利职业技术学院,2013.

[22] 张志昌.水力学[M].北京:中国水利水电出版社,2011.

[23] 王勤香.泄水建筑物下游低弗汝德数水跃长度研究[J].人民长江,2014,45(17):63-65.

[24] 吴战营,牧振伟,潘光磊.导流洞出口消力池内设置悬栅消能工试验研究[J].水利与建筑工程学报,2011,9(4):39-41.

[25] 王均星,朱祖国,陈利强.消力池内辅助消能工对水跃消能效率的影响[J].武汉大学学报(工学

版）,2011,44(1)：42-46.

[26] 王忠诚. T 字墩消力池的试验研究与工程应用[D]. 大连：大连理工大学,2009.

[27] 唐聪聪,刘亚坤. 某人工弯道式渠首分层取水结构段模型试验研究[J]. 水利与建筑工程学报,2016,14(1):10-14.

[28] 王二平,娄利芳,黄山,等. 某节制闸工程泄流消能试验研究[J]. 华北水利水电学院学报,2012,33(1):29-33.

[29] 吴战营,牧振伟. 消力池内悬栅辅助消能工优化试验[J]. 水利水电科技进展,2014,34(1):27-31.

[30] 尹舒倩,王世兴,赵涛,等. 某水电站泄水陡坡体型优化模型试验研究[J]. 水利与建筑工程学报,2015,13(3):10-14.

[31] 谭振宏. 消力池水力计算新法[J]. 重庆交通学院学报,1990,9(4):68-72.

[32] 孙桂凯. 浅谈低弗汝得数 *Fr* 水跃消能工的研究[J]. 广西大学学报(自然科学版增刊),2001,26(6):46-48,63.

[33] 王勤香,朱政德,代凌辉. 某调蓄水库工程泄洪底孔消涡试验研究[J]. 水电能源科学,2016(6):74-76.

[34] 王勤香,朱政德. SUE 水电站工程设计方案评价及优化[J]. 水利与建筑工程学报,2016(5):132-135.

[35] 王勤香,王宇. 赤道几内亚吉布洛上游调蓄水库泄洪底孔消涡研究[J]. 黄河水利职业技术学院学报,2016(2):1-4.

[36] 雷恒,李颖,高新江,等. Rampura 雨水泵站进水前池水流特性数值模拟研究[J]. 水利科技与经济,2018(6):18-22.

[37] 张车琼. 海绵城市规划中年径流总量控制目标分解方法研究[J]. 给水排水,2017(8):51-54.

[38] 李俊奇,王文亮,车伍,等. 海绵城市建设指南解读之降雨径流总量控制目标区域划分[J]. 中国给水排水,2015,31(8):6-12.

[39] 刘绪为,李成江,徐洁,等. 海绵城市年径流总量控制率计算方法及应用探讨[J]. 中国给水排水,2017,33(5):130-133.

[40] 鄢斌,刘德明,王子龙,等. 福建省年径流总量控制率及其设计降雨量[J]. 市政技术,2016(4):117-118.

[41] 康得军,孙健,江雪,等. 丘陵地区雨洪管理建设研究[J]. 市政技术,2017(4):164-169.

[42] 中华人民共和国住房和城乡建设部. 海绵城市建设技术指南——低影响开发雨水系统构建(试行)[EB/OL].

[43] 王勤香,姜楠. 海绵城市低影响开发常用设施对比及组合分析[J]. 市政技术,2018(3):23-27.

[44] 周凌. 海绵城市年径流总量控制率的若干问题探讨[J]. 给水排水,2018(8):52-56.

[45] 韦峰,黄任,陈海,等. 建筑小区年径流总量控制率和年 SS 总量去除率的计算分析[J]. 给水排水,2018(3):79-81.

[46] 杨林霞. 国内外海绵型城市建设比较研究[J]. 黄河科技大学学报,2015(5):72-75.

[47] 付雁军. 谈城市雨水径流量控制方法[J]. 山西建筑,2015(10):118-119.

[48] 李俊奇,车伍. 城市雨水问题与可持续发展对策[J]. 城市环境与生态,2005(8):7-10.

[49] 刘燕. 植草沟在城市雨水利用系统中的应用[J]. 中国给水排水,2006(10):9-11.

[50] 牛帅. 低影响开发模式单项设施适用性评价[D]. 天津:天津大学,2015.

[51] 杨晴,张建永,邱冰,等. 关于生态水利工程的若干思考[J]. 中国水利,2018(17):1-5.

[52] 姜开鹏. 建设生态灌区的思考[J]. 中国农村水利水电,2004(2):4-10.

[53] 李书斌. 进水口漩涡影响因素研究[D]. 天津:天津大学,2009.